高 等 学 校 规 划 教 材

CorelDRAW X7
艺术设计案例教程

洪 樱 耿 新 编著

U0195695

中国建筑工业出版社

图书在版编目（CIP）数据

CorelDRAW X7艺术设计案例教程 /洪樱，耿新编著 .—北京：中国建筑工业出版社，2018.8

（高等学校规划教材）

ISBN 978-7-112-22403-6

Ⅰ.① C… Ⅱ.①洪… ②耿… Ⅲ.①图形软件—高等学校—教材 Ⅳ.① TP391.413

中国版本图书馆 CIP 数据核字（2018）第 146960 号

本书分为 3 章，第 1 章介绍 CorelDRAW X7 软件的基本操作知识，简要介绍了工具和菜单命令栏，让读者对软件有整体直观的了解；第 2 章介绍 CorelDRAW X7 在标志设计、构成设计、装帧设计、包装效果图设计中的应用，精美的案例，详细的步骤让读者快速掌握软件设计技术；第 3 章讲述 CorelDRAW X7 在环境艺术设计中的应用，包括景观小品、室内立面图、室外立面图的设计。

本书内容全面翔实，讲解清楚易懂，案例专业性强、难度适中，不仅可以作为高等学校艺术设计类相关专业的教材，还可以作为广大设计爱好者的学习参考用书。

本书的案例素材可发送邮件至 2917266507@qq.com 索取。

责任编辑：聂　伟　王　跃
责任校对：刘梦然

高等学校规划教材
CorelDRAW X7艺术设计案例教程
洪　樱　耿　新　编著
*
中国建筑工业出版社出版、发行（北京海淀三里河路9号）
各地新华书店、建筑书店经销
北京点击世代文化传媒有限公司制版
北京缤索印刷有限公司印刷
*
开本：787×1092毫米　1/16　印张：8½　字数：188千字
2018年9月第一版　2018年9月第一次印刷
定价：75.00 元
ISBN 978-7-112-22403-6
　　（32272）

前 言

CorelDRAW X7 是加拿大 Corel 公司出品的著名矢量图设计软件，其功能强大且易学易用，是常用的矢量绘图和图像处理软件。CorelDRAW 提供了矢量图形、页面设计、服装设计、网站制作、位图编辑和网页动画等多种功能，带给用户强大的交互式工具。

本书分为 3 章，第 1 章介绍 CorelDRAW X7 软件的基本操作知识，简要介绍了工具和菜单命令栏，让读者对软件有整体直观的了解；第 2 章介绍 CorelDRAW X7 在标志设计、构成设计、装帧设计、包装效果图设计中的应用，精美的案例、详细的步骤让读者快速掌握软件设计技术；第 3 章讲述 CorelDRAW X7 在环境艺术设计中的应用，包括景观小品、室内立面图、室外立面图的设计，巩固并扩展了对软件的运用。本书案例形色精美，讲述详细，各有侧重的技巧，融合了常用工具的使用，经过了多年课堂教学的检验，能让学生快速上手，激发极大的兴趣，让软件的学习和使用变得通俗易懂，实现从入门到熟练操作的跨越。

本书特色为：第一，本书采用案例驱动的方式，从设计师的角度精心编辑了平面设计、环境艺术设计的优秀案例，从教师的角度将基础操作、效果把控做了详细的介绍，读者能快速全面掌握软件的设计功能，为自由创作打下良好基础。第二，本书讲述 CorelDRAW X7 在环境艺术设计中的应用，这在同类软件学习参考书中很少，拓宽了软件的应用领域。第三，本书从更符合本科阶段学生基础着手，简明扼要又详尽细致，结合实际的案例步步分解，软件类教学的目的性更明确。第四，本书附录为学生的优秀作品，是学生从软件零基础出发，在 40 个课时内完成同步教学的成果，软件教学的成效一目了然。

本书由西南民族大学洪樱、耿新编著。

本书可作为高等学校艺术设计类学生的计算机辅助设计课程教材，同时可以作为广大美术设计爱好者的参考书籍。

由于作者水平有限，书中难免有疏漏和不妥之处，恳请广大读者批评指正。

目 录

第 1 章　CorelDRAW X7 概述　　1

　　1.1　CorelDRAW X7 的启动　　1

　　1.2　CorelDRAW X7 的格式　　2

　　1.3　CorelDRAW X7 的工作界面　　3

　　1.4　CorelDRAW X7 的工具箱　　5

　　1.5　CorelDRAW X7 的菜单栏　　22

第 2 章　CorelDRAW X7 在平面设计中的应用　　30

　　2.1　标志设计　　30

　　2.2　构成设计　　46

　　2.3　装帧设计　　62

　　2.4　包装效果图设计　　78

第 3 章　CorelDRAW X7 在环境艺术设计中的应用　　97

　　3.1　景观小品设计　　97

　　3.2　室内立面图设计　　112

　　3.3　室外立面图设计　　125

附录　学生作业欣赏　　128

参考文献　　130

第 1 章　CorelDRAW X7 概述

学习任务：通过本章的学习，认识 CorelDRAW X7 的界面和相关基本知识。

关 键 词：界面、矢量图形、CorelDRAW X7 工具。

CorelDRAW X7 是加拿大 Corel 公司出品的矢量图设计软件。CorelDRAW X7 为设计师提供了矢量图形、页面设计、服装设计、网站制作、位图编辑和网页动画等多种功能，带给用户强大的交互式工具。

CorelDRAW 有历史版本 9、10、11、12、X3、X4，X5、X6、X7 和最新版本 X8，MAC 平台上有 11 版本。本书以 X7 版本为例，讲述 CorelDRAW 的应用。

1.1　CorelDRAW X7 的启动

CorelDRAW X7 是目前较新的版本，其性能比之前的版本更加强大。在桌面上双击 CorelDRAW X7 图标进入程序，首先看到的是欢迎屏幕，如图 1-1 所示。左边是欢迎屏幕的各个组件，由"立即开始""工作区""新增功能""需要帮助？""图库""更新""会员""CorelDRAW.com""成员和订阅""Discovery Center"组成。

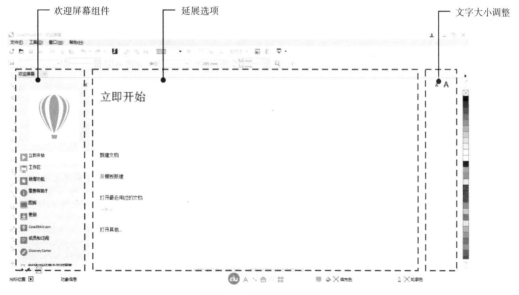

图 1-1　欢迎屏幕界面

1. "立即开始"为用户提供进入工作的页面设置,包括"新建文档""从模板开始""打开最近用过的文档""cdr 书 .cdr""打开其他的选项"。

2. "工作区"是用户对页面风格的选配,包括"lite""经典""默认""高级""插画""页面布局"选项。

3. "新增功能"是 CorelDRAW X7"最新功能和增强功能"的详细介绍,对于新老用户全面掌握 CorelDRAW X7 有很大帮助。

4. "需要帮助?"可向新用户提供相关资料。

5. "图库"提供 CorelDRAW X7 的优秀作品,让用户对 CorelDRAW X7 的优秀设计成果产生直观的视觉感受。

假如不要显示欢迎屏幕可以去掉勾选"启动时始终显示欢迎屏幕"。

点击界面右上角的"×"可以关闭程序,按 [Alt+F4] 快捷键也可退出程序。

1.2 CorelDRAW X7 的格式

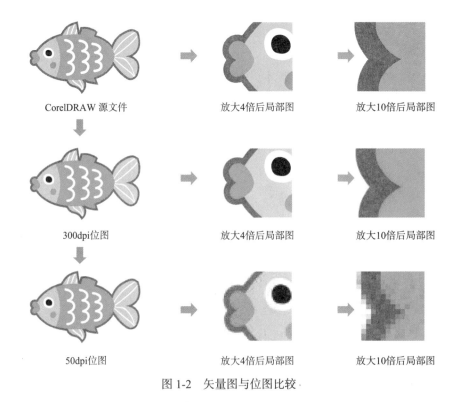

CorelDRAW 源文件   放大4倍后局部图   放大10倍后局部图

300dpi位图   放大4倍后局部图   放大10倍后局部图

50dpi位图   放大4倍后局部图   放大10倍后局部图

图 1-2 矢量图与位图比较

CorelDRAW 是一款绘制矢量图的软件。

矢量图,在数学上定义为一系列由线连接的点,每个点称为对象,每个对象都是一个自成一体的实体,具有颜色、形状、轮廓、大小和屏幕位置等属性。矢量图只能靠软件生成,文件占用空间较小，可以自由无限制的重新组合。将矢量图反复缩放到任意大小和以任意分辨率在输出设备上打印出来，都不会影响清晰度，也不会失真，与分辨率无关。绘制矢量图的软件有 CorelDRAW，Pinter，Illustrator。

位图（bitmap），又称为点阵图像，是由像素组成的。这些像素可以进行不同的排列和染色以构成图样。当放大位图时，可以看见构成整个图像的无数单个方块。扩大位图尺寸的效果是增大单个像素，看到俗称的"马赛克"，从而使线条和形状显得参差不齐。使用位图软件，一定注意分辨率这一概念，图形也不可反复缩放，会降低文件的清晰度。常用的位图处理软件是 Photoshop 和 Windows 系统自带的画图。

CorelDRAW 的文件后缀为 cdr，称为源文件，可以导出存为各种精度的位图文件。仔细观察图 1-2，矢量图放大后，局部依然非常清晰。源文件导成位图格式后，保持 300 分辨率和 50 分辨率，分别放大 4 倍和 10 倍，精度逐渐变低，可见分辨率和缩放对位图的影响非常大。

CorelDRAW 可运用于所有的二维设计界面，包括广告设计、时装设计、图形设计、标志设计、卡通设计、版式设计等。

1.3 CorelDRAW X7 的工作界面

通过新建文档，开启工作界面（图 1-3）。

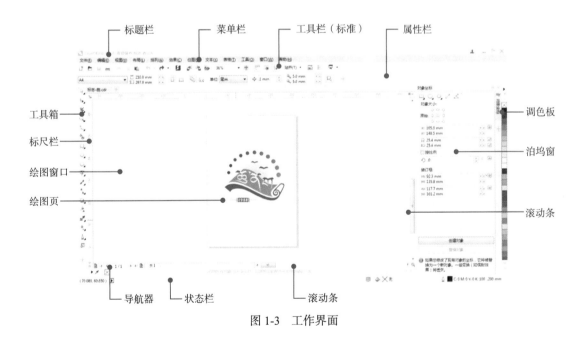

图 1-3　工作界面

1. 标题栏：位于界面顶部，左边显示程序名字和当前文档名字及其存储的路径。右边四个小图标"▣""—""▢""✕"，分别代表登录提示、最小化、最大化、关闭程序。关闭程序也可用 [Alt+F4] 键操作。

2. 菜单栏（图 1-4）：位于标题栏下方，包括文件、编辑、视图、布局、排列、效果、位图、文本、表格、工具、窗口、帮助 12 个命令菜单，同时按下 [Alt] 与菜单栏后面的大写字母，是该命令菜单的快捷键。菜单下有丰富的一级命令和二级命令，能满足用户的各种设计需求。命令呈现灰色则表示当前状态不可用，黑色表示可用。

文件(F)　编辑(E)　视图(V)　布局(L)　排列(A)　效果(C)　位图(B)　文本(X)　表格(T)　工具(O)　窗口(W)　帮助(H)

图 1-4　菜单栏

3. 工具栏（标准）：以工具按钮的形式提供了最常用命令的快捷操作。鼠标移动到每个图标上停留，图标就会显示出名字、快捷键和简要释义，灰色表示当前不可用，如图 1-5 所示。

图 1-5　工具栏

4. 属性栏：用于显示当前选定对象的属性，并随用户操作的变化而自动更换对象属性。在运用各种工具时，也可以通过直接修改属性栏进行操作，如图 1-6 所示。

图 1-6　属性栏

5. 工具箱：竖向布置在界面左侧，是最重要的操作命令的集合。有些工具下角有"◢"表示有隐藏工具可以弹出。

6. 标尺栏：包括水平和垂直两组标尺，是图形精确定位的依据。从标尺内，按下鼠标左键移动到工作区，放开鼠标，一根标尺就产生了。标尺被激活是红色，待命状态是黑色。标尺可以旋转，删除直接按 [Del] 键。

7. 绘图窗口：是用户的工作空间，将鼠标放置其中，前后滑动鼠标中键可以放大或缩小显示绘图区，相应的标准属性栏中的显示比例的数字会随之变化。

8. 绘图页：是用户最终作品的展示区，在标准属性栏，绘图页有各种常规大小的选择，比如 A3、A4、横竖版式、单位，也可被用户设置为任意大小。

9. 导航器：用于浏览多个绘图页时的快捷选择。CorelDRAW X7 文件内的绘图页能设置多个页面，页面的顺序和名字都在导航器内显示。可在当前页面的前或后方增加页面，并通过"▶"、"◀"切换到所需页面，如图 1-7 所示。

10. 状态栏：位于最下方，提供更详尽的对象信息，包括对象的坐标信息、填充颜色、轮廓颜色、对象图层信息、大小及中心点位置等，如图 1-8 所示。

图 1-7　导航器

图 1-8　状态栏

11. 滚动条：有横向与竖向两根，用于展示特点区域的绘图窗口，如图 1-9 所示 。

图 1-9　滚动条

12. 泊坞窗：是通过窗口菜单打开的对话面板，便于用户进行常用命令的调整。多个泊坞窗可以叠放，提供了极大的便利。

13. 调色板：位于绘图窗口最右侧。鼠标滑至色块，会自动显示该色块的名字和参数。CorelDRAW X7 默认的颜色板是采用 CMYK 的色彩模式。对象被选中时，左键点击任一色块给对象赋予填充色，右键点击任一色块给对象轮廓上色。颜色板的上下有小箭头"▲""▼"，可以逐一点出隐藏的色块，点击最下面的小箭头"◀"可以将整个颜色板调出。颜色板允许添加用户指定色。颜色板也可采用系统提供的其他色库,按图 1-10 点击窗口（W）→调色板（L），可选择其他调色板。

图 1-10　选取调色板

1.4　CorelDRAW X7 的工具箱

工具箱位于工作窗口的竖向左侧，由 18 个按钮组成。CorelDRAW X7 文件由文本和图形构成,而任何复杂的图形都是由最基础的点线面组合而成。工具箱能完成所有图形的绘制。

鼠标放在按钮上，会出现该工具的名称和简要介绍。大写字母和数字为该工具的快捷键。工具箱按钮的下面有"◢"表示还有隐藏的工具，长按可以弹出。

1. 选择工具组

点击 ，移动鼠标至工作窗口，点选对象或拖动鼠标包围对象全部，该对象即被选中。被选对象的中心位置以"×"表示，周围出现 9 个小黑方块。鼠标拖动 4 角小黑方块，可以等比放大或缩小对象；鼠标拖动上下左右边的 4 个小方块，可缩放水平或垂直方向的尺寸，如图 1-11 所示。

要同时选中多个对象，第一种方式用鼠标拉出框，包围多个对象；第二种方式，按住 [Shift] 键，逐一点选多个对象。对于已经选中的多个对象，要去掉一个不被选择，按住 [Shift] 键，点击那个对象即可。

连击两次鼠标左键，中心变为"⊙"，周围出现小箭头。鼠标移动到四角，鼠标由"↘"变为" "，按住并拖动，对象将以中心旋转。鼠标移动到四边，鼠标由"↔"变为"⇒"，按住并拖动，对象将以对侧边为固定边发生上下左右的错移，如图 1-11 所示。

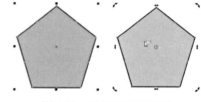

图 1-11　选择工具的应用

该工具组包含以下工具：

手绘选择：提供更加自由的选择方式，但是注意要全部包围对象，该对象才能被选中。

自由变换：能自由地旋转、倾斜、镜像和缩放对象。

2. 形状工具组（F10）

形状是 CorelDRAW X7 重要的造型工具。当图形或文字通过转曲按钮"⚙"变为曲线对象后，形状工具就通过控制节点编辑所有的曲线对象。线条、几何形、文本、位图都可以转换为曲线对象，形状工具的编辑功能十分强大。

该工具组包含以下工具：

平滑：沿对象轮廓拖动工具使对象变得平滑。

涂抹：沿对象轮廓拖动工具来改变其边缘。

转动：通过沿对象轮廓拖动工具来添加转动效果。

吸引：通过将节点吸引到光标处调整对象的形质。

排斥：通过将节点推离光标处调整对象的形质。

沾染：沿对象轮廓拖动工具来改变其形状。

粗糙：沿对象轮廓拖动工具来扭曲其边缘。

使用每种工具时，注意属性栏出现笔尖半径、速度、笔压等调整选项，调整数字参数可取得不同的效果。图 1-12 给出原始图形采用不同工具后的结果，可以观察到形状工具的把控具有主观性，而其他的工具则具有偶然性，参数的调整能极大改变最后的结果。

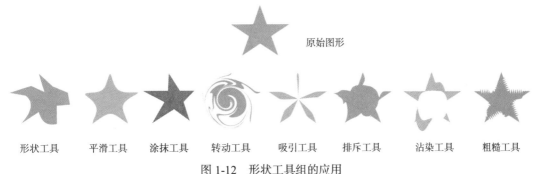

图 1-12　形状工具组的应用

3. 裁剪工具组

裁剪能裁剪任何对象。使用时，先选中被裁剪的对象，再点击图标，移动鼠标到工作窗口，点击鼠标，拖动到合适的位置松开鼠标，图形上出现一个方框，有 9 个小的空心方块在周围。此时可以拖动 9 个小的空心方块以调整裁剪的范围，属性栏会出现相应的参数。最后移动鼠标到方框中间，双击左键，结束本次裁剪。

该工具组包含以下工具（图 1-13）：

刻刀：切割对象将其分离为两个独立的对象。属性栏有 2 个选项："保留为一个对象"指将对象分割为两个对象，但仍保留为一个单一对象，通过"🔲"拆分，对象由闭合路径变成开放路径。"剪切时自动闭合"可将一个对象分割成多个封闭的对象。

虚拟段删除：移出对象中重叠的段。

橡皮擦（X）：用于移除绘图中不需要区域。

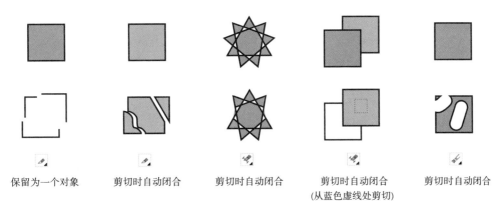

图 1-13　裁剪工具组的应用

4. 缩放工具组（Z）

缩放：用于缩放任意大小的工作窗口。属性栏内可选择项目为：按数字比例显示、放大、缩小、缩放选定对象、缩放全部对象、显示页面、按页宽显示、按页高显示。鼠标中键和以上选项结合使用，能快速达到显示要求。

平移：点击鼠标左键不放，可移动页面到任意区域。

5. 手绘工具组

手绘（F）可绘制直线和曲线线段。点击 ，鼠标左键点击屏幕某处，到另一位置再单击就可绘制直线段。按住 [Ctrl] 键，在屏幕上单击后，第二个点的位置被强制为水平或垂直方向或 15° 间隔的线条。若点击第一点位置后不松开鼠标，在屏幕上任意拖动鼠标，可绘制自由曲线。完成一根线段后，想继续再画连接的线段，激活手绘工具状态下，将鼠标移动到线段的一段，出现"节点"和连接符号"╱"，则可以继续画出一段与之前线段连为一体的线段。属性栏可设置线段宽度、起点形态、线段类型、终点形态、闭合曲线、手绘平滑度等参数。

该工具组包含以下工具：

2 点线：连接起点和终点绘制一条直线段。还可以画出现有线段的垂直线、相切线。

贝塞尔（B）：绘制一条由任意直线段、曲线段组合的线段。其适用于绘制精确的线段，绘完后还可以结合形状工具进行节点和线段编辑。

艺术笔：使用手绘笔触添加艺术笔刷、喷射和书法效果。该工具在线段绘制的同时附着一个形态，分别是预设、笔触、喷涂、书法和压力。每种选项后有多个参数调整，会取得完全不同的精彩结果（图 1-14）。要分离线段和形态可用 [Ctrl+K] 键，分离后形态不能再随参数自动调整。

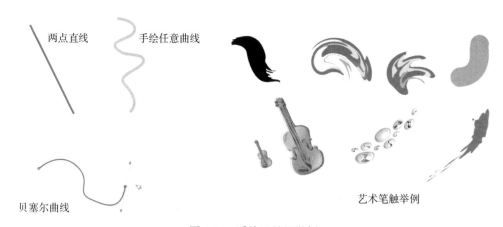

两点直线   手绘任意曲线

贝塞尔曲线   艺术笔触举例

图 1-14　手绘工具组举例

钢笔（P）：绘制多条直线段、曲线段连接而成的线段，适用于绘制精确的线段，绘完后还可以结合形状工具控制节点和线段编辑对其进行后期调整，如图 1-15 所示。

B 样线：通过设置构成曲线形状来绘制曲线，该曲线连贯流畅，而非多个线段的组合，如图 1-15 所示。

　折线（P）：一步绘制连接的直线和曲线。曲线的形状就是鼠标在屏幕上直接拖动的痕迹，如图 1-15 所示。

　3点曲线（3）：从起点拖动到终点，然后定位在中点处来绘制一条曲线，如图 1-15 所示。

　智能绘图（S）：将手绘笔触转换为基本形状或平滑的曲线，通过形状识别等级和智能平滑等级的参数来确定曲线的面貌。

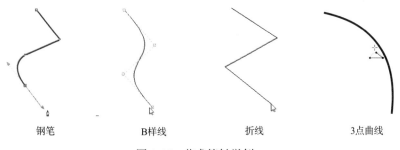

钢笔　　　　　B样线　　　　　折线　　　　　3点曲线

图 1-15　艺术笔触举例

6. 智能填充工具

智能填充工具能对对象里封闭的位置进行自动识别，点击该处即能生成一个独立的封闭图形。对于复杂形态的分离，只需用线条进行边界划分，再用智能填充工具点击封闭的位置，非常快捷产生新图形，并且形与形之间无缝吻合，如图 1-16 所示。

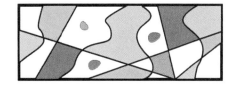

图 1-16　智能填充

7. 矩形工具组（F6）

　矩形（R）：激活该命令，将鼠标移至工作窗口，出现"＋□"，点击左键确定矩形的起点，在另一适当位置放开左键，矩形绘制完成。绘制同时，按下 [Ctrl] 键，可以第一点位置为起点画出一个正方形；按下 [Shift] 键，可以第一点位置为中心画出一个正方形。保持当前矩形被选择的状态，观察矩形工具的属性栏（图 1-17），原来暗灰色不可更改的数字出现高亮状态，提示当前矩形的各种信息并允许修改。

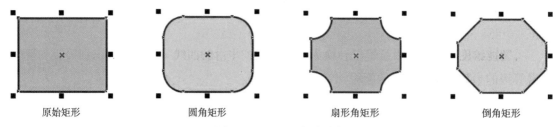

图 1-17   矩形工具的属性栏

原始矩形	圆角矩形	扇形角矩形	倒角矩形

图 1-18   矩形的多种样式

表示矩形在整个绘图区的位置，XY 值分别指相对于默认的纸张左下角为起点的相对坐标位置。 是当前绘制的矩形的实际长宽尺寸。将鼠标移至框内，修改数值后再按 [Enter]，矩形会随之发生变化。 表示修改方式按指定比例调整。 表示锁定长宽比进行等比变化； 表示长宽进行不等比变化，想绘制任何尺寸的矩形和正方形，都可以用直接输入数字进行调整。 为设置矩形的旋转角度。 为设置水平或垂直镜像。 为圆角、扇形角、倒棱角（图 1-18）， 为参数调整。在 状态下，改变任一数字，四角随之调整，数字越大越明显；在 状态下，可对四角分别输入不同的参数。 表示文字与图形的排版方式，下拉后有多种方式。 为调整该矩形边缘线条的粗细。 表示该矩形的前后层关系并可进行调整。 为将矩形由普通图形对象转化为曲线对象，进行更加自由的编辑。自定义允许用户根据需要放置属性栏的项目。

3 点矩形（3）：以任意边为起点画出矩形，后续调整方式与矩形工具相同。

8. 椭圆形工具组（F7）

椭圆形（E）：激活该命令，鼠标移至工作窗口，点击左键确定圆形的起点，在另一适当位置放开左键，椭圆形就绘制完成。绘制同时，按住 [Ctrl] 键，可以第一点位置为起点画出一个正圆形；按住 [Shift] 键，可以第一点位置为中心点画出一个正圆形。保持当前椭圆形被选择的状态，观察矩形工具的属性栏，原来暗灰色不可更改的数字出现高亮状态，提示当前椭圆形的各种信息并允许修改。

椭圆形特有的选项为 ，包括完整椭圆、饼形、弧线三种选择（图 1-19）。在饼形和弧线两种状态时，后面一组数字生效，表示起点和终点。可以通过顺时针或逆时针方式来绘制饼形或弧线。

3 点椭圆形（3）：以任意线段的任一角度为轴线画椭圆形，后续调整方式与椭圆形工具相同。

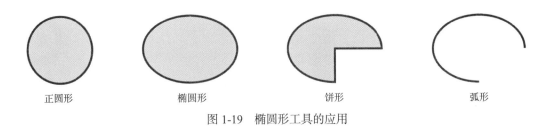

正圆形　　　　　　椭圆形　　　　　　饼形　　　　　　弧形

图 1-19　椭圆形工具的应用

9.　多边形工具组（Y）

多边形（P）: 点击 ，对边数 5 进行调整，选择合适的数目，如图 1-20 所示。按下 [Ctrl] 键，可限定多边形外接为正方形。

星形（S）: 绘制规则的、带轮廓的星形。属性栏里有边数与锐度的调整，改变参数取得不同效果，如图 1-20 所示。

复杂星形（C）: 绘制带有交叉边的星形，边数可调整，如图 1-20 所示。

图纸（G）:绘制网格。先对属性栏里的行数与列数进行设置再画网格。然后选取工具，属性栏出现 ，可将网格取消组合，变成一个个单独的长方形图形，如图 1-21 所示。

螺纹（S）: 绘制对称式或对数式螺纹。先调整螺纹回圈参数 2 和对称式、对数式样式 ；15 可更改螺纹向外扩展的速率。 提供螺纹线的起点、线段、终点的样式， 分别表示螺纹线起点和终点的自动封闭与否，如图 1-22 所示。

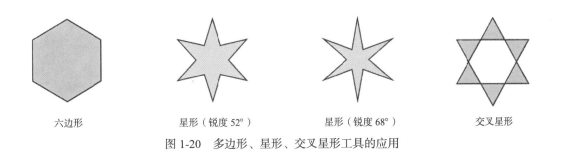

六边形　　　　星形（锐度 52°）　　　星形（锐度 68°）　　　交叉星形

图 1-20　多边形、星形、交叉星形工具的应用

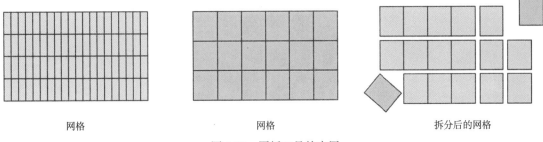

网格　　　　　　　　网格　　　　　　　拆分后的网格

图 1-21　图纸工具的应用

螺纹回圈 3
对称式螺纹
扩展参数 12

螺纹回圈 3
对数式螺纹
扩展参数 12

螺纹回圈 3
对称式螺纹
扩展参数 97

螺纹回圈 3
对数式螺纹
扩展参数 97

不同样式的螺纹线

自动闭合
的螺纹线

图 1-22　螺纹线工具的应用

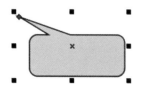 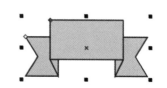 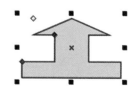

标注形状　　　　　　标题形状　　　　　　箭头形状

图 1-23　标注形状工具的应用

基本形状（B）：绘制三角形、心形、柱形等多种形状（图 1-24）。

箭头形状（A）：绘制各种形状和箭头（图 1-23、图 1-24）。

流程形状（F）：绘制流程图符号（图 1-24）。

标题形状（N）：绘制丝带对象和爆发形状（图 1-23、图 1-24）。

标注形状（C）：绘制标签和对话气泡（图 1-23、图 1-24）。

基本形状样式　　　　　　　　　箭头形状样式

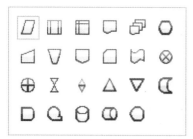 

标题形状工具

流程形状样式　　　　　　　　标注形状样式

图 1-24　形状工具的样式

属性栏有以上 5 种基础形状工具的样式。部分图形有 1~3 个菱形的彩色调节点，可以做自动对称式调节。保持对象激活状态，鼠标左击形状工具，再点击菱形调节点就可以调节对象的形状。当形状图形转为曲线对象后，菱形调节点就消失不再产生作用。

10. 文本工具组（F8）

文本（T）: 添加和编辑美术字和段落（图 1-25）。点击后在窗口任一位置点击左键，屏幕出现"|"即开始美术字的输入。点击后在窗口任一位置点击并拖出一个虚线框后松开鼠标，移动鼠标进入框内输入的文字为段落文字。

美术字不能自动换行，需要手动按 [Enter] 键换行。通过拖动鼠标将字体抹为蓝色后更换不同的字体、字号、颜色。选中美术字或文本框，点击形状工具，拖动 ↔ 调整字的间距，拖动 ⇕ 调整行距。

段落字可以通过拖动虚线框自动换行，适用于较长的文字。属性栏 ≒ 42.148 mm、↕ 16.525 mm · 可直接修改文本框的长度和高度。若文本框为红色，提示文字没有显示完整，用鼠标拖动文本框下面的黑色小箭头向下拉一直到虚线框变为黑色，则显示了所有文本。

美术字　　　　　　　　　　　　　　　段落文字

图 1-25　美术字与段落文字比较

若有多个段落文本框的文字内容要连贯起来，点击第一个文本框下面的空心方形，鼠标变为"➡"，移至第二个文本框点击一下，则第一个文本框内未完的字在第二个文本框内显示出来。多个文本框同样操作，可连接多个文本框的字流。若有多个文本框是连接的，删掉第二个文本框，第一个和第三个文本框会自动衔接文字。

美术字与文字可以互换，按 [Ctrl+F8] 键可完成互换操作。

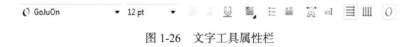

图 1-26　文字工具属性栏

属性栏包括字体类型、字号、粗体、斜体、下划线、对齐方式、项目符号、首字下沉、文本属性、编辑文本、水平、竖向、交互式的选项调整，如图 1-26 所示。

当文本框与其他对象(图形或位图)混编时,两者有多种状态。选中图片放到文本框上层,点击属性栏 "文本换行"的黑三角形，会弹出多种选项（图 1-27）。以"文本从左向右排列"为例，得到图 1-27。文本从右向左排列时，文本框边缘变为红色，说明文字未显示完整，如图 1-27 所示。

文本从左向右排列   文本从右向左排列

图 1-27   "文本换行"选项

将文本可以放入一个异形边缘的图形中。例如，绘制一个六边形，右键点击文本框不放鼠标移至六边形上再松开鼠标，在弹出的选项里选"内置文本"，则文字框被植入六边形中，限制文字的外轮廓整体变为六边形，如图 1-28 所示。

文本显示完整   文本未显示完整

图 1-28   内置文本框

表格：绘制、选择和编辑表格。激活表格工具，单击工作窗口，拖出一个表格后松开鼠标。在属性栏修改参数，可删减行数和列数，设置背景填色、边框样式、宽度及颜色，如图 1-29 所示。

图 1-29   表格工具的属性栏

11. ✎平行度量工具组

✎**平行度量**：绘制与线条平行的度量线；┓**水平或垂直度量**：绘制水平或垂直的度量线；
▱**角度量**：绘制角度的度数。属性栏依次为度量样式、度量精度、度量单位、显示单位、显示前导零、前缀、后缀、动态度量、文本位置、延伸项选项、轮廓宽度、端头样式、线型。

┚**线段度量**：自动捕捉选中的线段来绘制度量线。如图 1-31 所示样式的参数见图 1-30。

↰**3 点标注（3）:** 用于文字引出说明的标注。属性调整包括轮廓宽度、端头样式、线型、线宽、标注形状、文本与标注之间的间隙，如图 1-32 所示。

所有的数字和文字字号在属性栏里调整。

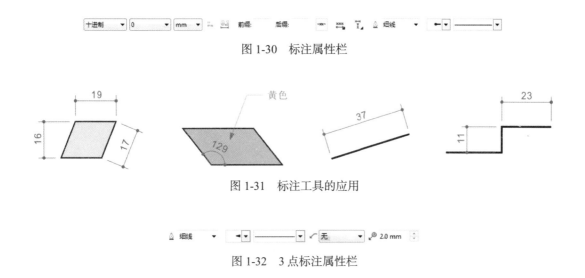

图 1-30　标注属性栏

图 1-31　标注工具的应用

图 1-32　3 点标注属性栏

12. ┖直线连接器工具组

该组工具用于绘制各种图表时的连线。点击图标后，工作区内对象的边缘呈现红色的小菱形为连接的"锚点"。连接线的端点会自动吸附这一些锚点。

┖**直线连接器**：画一条直线连接两个对象；┐**直角连接器**：画一个直角连接两个对象（图1-33）；┐**圆角连接器**：画一个圆直角连接两个对象。在属性栏中可对连接线的线宽、起点、线型、终点进行调整。连接线一旦连接上对象，不能单独移动，只能全选连接线和对象一起移动，或者选中被连接的对象并移动，带动整个连接系统变动（图 1-34）。点击连接线后，将鼠标移至调色板，右键点击颜色即可给连接线填充轮廓色。

▱**编辑锚点工具**：修改对象的连接锚点。默认的锚点有 4 个，分别在对象外接的长方形各边的中点，连接时会自动捕捉这些点连接。这些锚点可以被删除，也可以调整其位置，如图 1-35 所示。

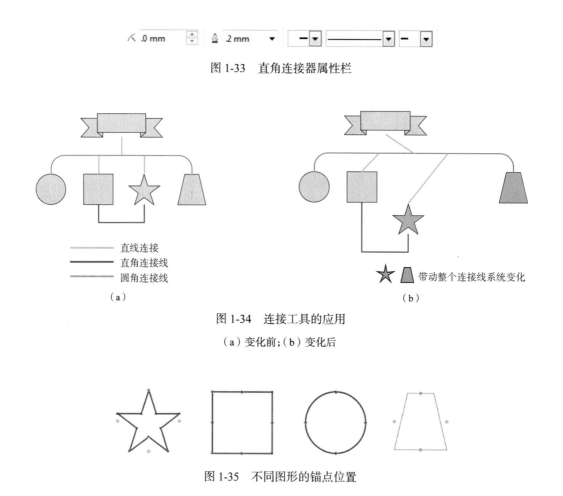

图 1-33　直角连接器属性栏

图 1-34　连接工具的应用

（a）变化前；（b）变化后

图 1-35　不同图形的锚点位置

13. 阴影工具组

阴影：在对象后面或下面画出阴影。图形、文字、位图对象都可以绘制阴影，可增加画面的层次感。阴影的属性栏包括预设类型、阴影偏移距离、角度、延展、不透明度、羽化、羽化方向、羽化边缘、阴影颜色、合并模式、取消、自定义选项，如图 1-36 所示。参数不同效果不同，如图 1-37 所示。绘制好的阴影是附着在对象后面的，点选阴影，二者同时被选取；仅点选对象，可以更改对象原有的一些参数。

图 1-36　阴影工具属性栏

图 1-37　图形、文字、位图的不同参数的阴影示意

🔲 **轮廓图**：应用一系列向对象内部或外部辐射的同心图形。轮廓图的属性栏有预设类型、对象原点、到中心、内部轮廓、外部轮廓、步长、偏移量、轮廓色渐变系列、轮廓色、填充色、对象和颜色加速、取消等选项，如图 1-38 所示。该组对象可用 [Ctrl+K] 键拆分为原形与一个群组，群组可用 [Ctrl+U] 键拆分，最后分解成一个个单独的对象，如图 1-39 所示。

🔲 **调和**：通过创建渐变的中间对象和颜色调和对象。图形和文字可调和，位图不能调和。属性栏有预设类型、对象原点、步长调整、方形调整、新路径、颜色的直接调和、顺时针调和、逆时针调和、颜色和大小的加速等选项，如图 1-40 所示。

图 1-38　轮廓图属性栏

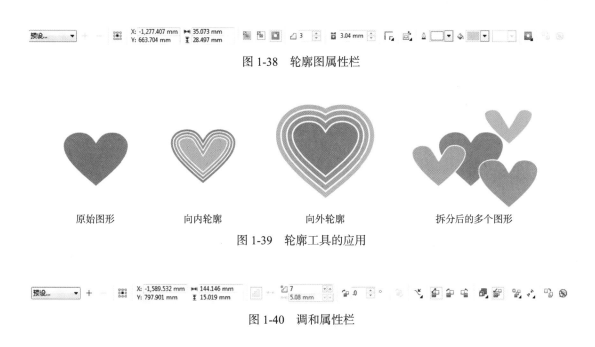

| 原始图形 | 向内轮廓 | 向外轮廓 | 拆分后的多个图形 |

图 1-39　轮廓工具的应用

图 1-40　调和属性栏

路径的绘制如下：绘制一组调和图形和一条线（直线、曲线均可，作为路径），选中调和曲线后点击 ↘ 弹出"新路径"，将箭头准确点击到画好的线上，调和图形就会附着到线上。点选起点图形到合适位置，点选终点图形到合适位置。若不显示路径，则点击路径后将鼠标移动到颜色板的最顶端，点击右键关闭，该路径则隐藏，如图 1-41 所示。

图 1-41　调和工具的应用

（a）图形、文字均可绘制"调和图形组"；（b）显示路径与隐藏路径的效果

　　变形：该工具对图形和文字适用，通过推拉、拉链和扭曲三种方式产生丰富的偶然形状。属性栏有预设类型、推拉、拉链、扭曲、居中变形、顺时旋转、逆时旋转、完整旋转、附加度数、复制属性、自定义等选项，如图 1-42 所示。每一次参数的改变都会带来效果的变化，能带来很多崭新的灵感，如图 1-43 所示。对于特别复杂的成组图形不能使用变形工具，因为计算量过大会造成程序崩溃。

　　封套：为对象添加封套，通过封套的节点编辑来改变对象的形状。封套最大的用处是针对群组对象，让它们位于封套内发生整体变化。封套的节点位于对象的外侧，用形状工具点选任一节点拖动，可变换封套边线为直线或曲线，产生不同的变化。属性栏有预设类型、矩形与手绘选取框、节点方式选择、封套模式、取消、自定义的选项，如图 1-44、图 1-45 所示。

图 1-42　变形工具属性栏

图 1-43　变形工具的应用

图 1-44　封套工具的应用

图 1-45　封套工具的属性栏

　　立体化：向对象应用 3D 效果以创建深度错觉。在二维空间创作立体效果，该工具提供简便快捷的方式。属性栏有预设、原点位置、立体化类型、灭点属性、深度、立体化旋转、颜色、倾斜、照明、复制效果、消除立体化、快速自定义的选项，如图 1-46、图 1-47所示。

图 1-46　立体化工具的应用

图 1-47　立体化工具属性栏

14.　透明度工具

　　该工具部分显示对象下层的图像区域。透明度工具增加了画面的层次和进深，在不采用位图透明度的情况下也能进行多彩的创作。透明度的形式有渐变、均匀、向量图样、位图图样、底纹等，如图 1-48、图 1-49 所示。

图 1-48　透明度属性栏

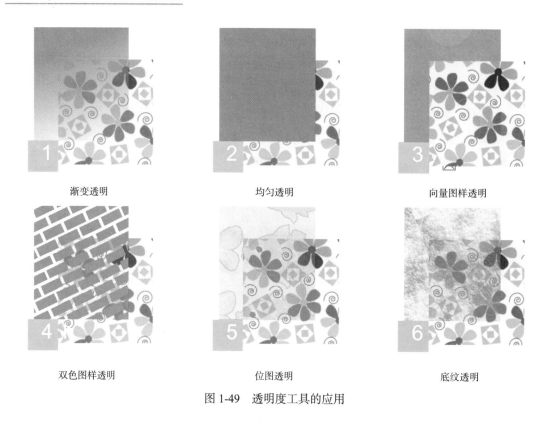

渐变透明   均匀透明   向量图样透明

双色图样透明   位图透明   底纹透明

图 1-49 透明度工具的应用

15. 颜色滴管工具组

颜色滴管：可对屏幕上任何地方的颜色进行抽样并运用到设计对象。使用时，移动鼠标至工作窗口内任一位置，所在位置都会出现该点的色彩参数，点击鼠标左键取样后，吸管自动变为应用颜色 ，放置到其他图形上点击即可。属性栏提供选择颜色、应用颜色、从桌面选择、采样大小、所选颜色、添加到调色板、自定义选项，如图 1-50 所示。

属性滴管：复制对象的颜色、轮廓、大小和效果，并应用到其他对象。

图 1-50 颜色滴管属性栏

16. 交互式填充工具组（G）

交互式填充：在窗口中，向封闭对象动态应用当前填充。填充的模式包括：无填充、均匀填充、渐变填充、向量图样填充、位图图样填充、Ps 图样填充、双色图样填充，如图 1-51 所示。

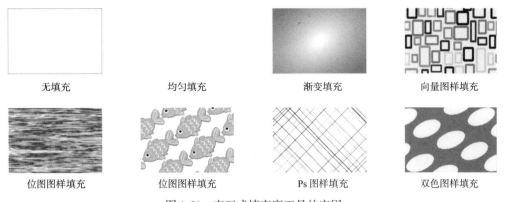

无填充	均匀填充	渐变填充	向量图样填充
位图图样填充	位图图样填充	Ps 图样填充	双色图样填充

图 1-51　交互式填充度工具的应用

▦ **网状填充**：通过调和网状网格中的多种颜色和阴影来填充对象。点选对象后，对象出现红色虚线网格，可在属性栏调整行数和列数，每个焦点都有小的空心小方块，每个小方块可赋予不同色彩，整个填充过渡柔和协调。各空心小方块可以调动位置，赋色效果有所变化，如图 1-52 所示。

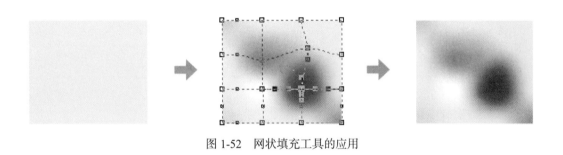

图 1-52　网状填充工具的应用

17. ✎轮廓工具组

✎**轮廓笔 F12**：设置对象轮廓属性，包括轮廓颜色、线宽、角形状、线型、箭头类型等属性。其弹出工具包括轮廓笔对话框 [F12]、轮廓色 [Shift+F12]、无轮廓、细线轮廓及 9 种常用线宽、彩色泊坞窗。对话框和泊坞窗的参数能综合调控轮廓的视觉效果，如图 1-53 所示。

图 1-53　轮廓工具的应用

18. 🖼编辑填充

该工具对所选对象的填充进行快速编辑和更改。点击后出现"编辑填充"对话框,如图1-54
所示。

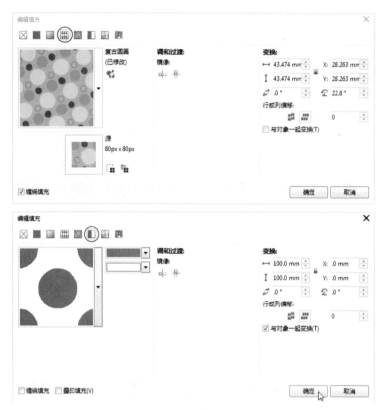

图 1-54 "编辑填充"对话框

1.5 CorelDRAW X7 的菜单栏

CorelDRAW X7 的菜单栏涵盖了软件的全部功能(图1-55)。工具的绝大多数操作在菜
单栏里都有对应的命令。下面简单介绍菜单的使用方法。

文件(F) 编辑(E) 视图(V) 布局(L) 排列(A) 效果(C) 位图(B) 文本(X) 表格(T) 工具(O) 窗口(W) 帮助(H)

图 1-55 菜单栏

可用鼠标点击菜单栏的命令,自动弹出下拉菜单栏,可以继续点击选择下一级命令。也
可按住 [Atl] 键,同时按菜单后面括号内的大写字母,弹出下级命令,再按下级命令后括号
内的英文字母(不松开 [Alt] 键),完成具体的命令选择。例如,按住 [Alt] 键,按 [E]、[P]

键，最终选择的命令是"粘贴（P）"，同时，[Ctrl+V]
也是粘贴命令的快捷键。部分常用命令都有快捷键，
例如"保存（S）"的快捷键是 [Ctrl+S]。快捷键的使
用能大大提高绘图效率。

菜单中黑色、高亮的命令表示当前可以操作的
命令，灰色的点击无反应表示当前无法操作的命令。
命令后方有"▶"表示还有延展的选项。

1. 文件（F）菜单

文件（F）菜单主要用于文档的基本操作，包括
六个类别：第一类文档基本操作类命令：新建文档、
从模板新建文档、打开文件、打开最近的多个文档。
第二类文档保存类命令：保存文档、另存文档、另存
为模板、还原命令。第三类文档交换类命令：从数码
相机、其他设备或软件导入信息，或将 CorelDRAW
X7 文档导出为其他格式、输出到网络等。发布文件
为 pdf 文件或用于分享。将矢量图转为位图，会用"导
出"命令。第四类文档打印类命令：输出图形到打印
设备、打印预览等。第五类文档信息类命令：文档的
标题、作者以及文件自身含有的各种信息，比如图形、
文字、样式、位图等。文档属性（P）是对文件信息
最全面的统计，拖动其滑条，可以看到各种信息的
统计，例如图 1-56 就显示文件包含了 628 个图形对象，

图 1-56 "文本属性"对话框

文本对象中使用了 3 种字体的文本。第六类关闭退出类命令：包括关闭、全部关闭命令，是
对当前文档的操作，点击后，可关闭当前的文档，并提示用户是否存储。点击"退出"命令
后会提示是否存储当前文件。

2. 编辑（E）菜单

编辑（E）菜单主要提供文件编辑方面的命令操作，第一类包括撤销与重做、剪切、复制、
粘贴、删除等。第二类再制、克隆、步长与重复等命令用于对象的复制。第三类用于印刷
分色控制，例如叠印轮廓、叠印位图等；第四类插入条码、插入 QR 码、插入对象、链接等，
用于文件的"身份"信息或外部链接。第五类的全选、查找与替换、对象属性用于搜索文件
内部对象，是非常有用的编辑工具。

通过"全选（A）"，可知 CorelDRAW X7 可以编辑的对象有四类：对象、文字、辅助线、
节点。对象就是利用矩形、多边形等工具直接画出的图形，而节点指用 [Ctrl+Q] 命令转曲
或点击💠转曲后的节点对象。文字是可编辑的美术字和段落文字，一旦转曲后也成为节

点对象。"全选（A）"的下级命令可以分别搜索选定它们。

点击"对象属性（I）"，可调出"对象属性"泊坞窗，显示正在编辑中的对象的填充、轮廓、透明度、转到矩形、摘要等选项，如图 1-57 所示。

3. 视图（V）菜单

视图（V）菜单的各项命令主要用来控制当前文档的视图模式及工作窗口的相关设置。第一类命令为视图显示属性的控制命令，包括简单线框、线框、草稿、普通、增强、像素六种方式。通常编辑文档时，常用增强

图 1-57 "对象属性"泊坞窗

模式，但在查看被遮挡的对象时也常用简单线框模式。第二类是软件后台对视图颜色的控制，如模拟叠印、光栅化复合效果等，勾选后肉眼直观感受无差别。第三类为预览方式命令，包括全屏预览（F9）、只预览选定的对象等命令，并能打开"视图管理器"泊坞窗。第四类为窗口属性类命令，包括显示（或关闭）标尺、网格、辅助线、页面边框出血等，为用户编辑过程提供窗口显示辅助功能。第五类为辅助命令，包括开启（或关闭）贴齐文档网格、

贴齐对象、对齐辅助线、动态辅助线等命令，更加全面地为用户操作提供辅助功能。在 CorelDRAW X7 的工作窗口点选对象并移动，屏幕上有极淡的灰色辅助线出现。比如，已经水平排列了两个对象，想将第三个对象以等距排列在后面时，灰色辅助线就会在等距时以带箭头的线段加以提示。第六类设置命令，可调出相应的泊坞窗，对网格和标尺、辅助线、贴齐对象、动态辅助线、对齐对象进行设置。

图 1-58 为"对齐和动态辅助线"泊坞窗，可对辅助线的线条样式、颜色、动态辅助线的角度等进行个性化的设置。

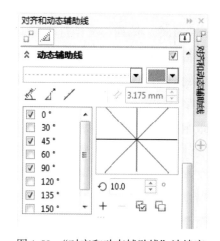

图 1-58 "对齐和动态辅助线"泊坞窗

4. 布局（L）菜单

布局（L）菜单主要提供版面的相关命令。第一类命令是关于多个页面的设置命令，如插入页面、再制页面、重命名页面、删除页面等。这些命令也汇集在工作窗口下方的导航器内，右击页面卡标 页1 ，就会弹出选项，根据需要进行激活（图 1-59）。第二类命令可插

图 1-59 导航器操作页面命令选项

入页面和设置页码。第三类命令是单页设置的相关命令，会弹出"选项"对话框，调整页面尺寸、单位、背景、布局等选项（图 1-60）。第四类命令"布局工具栏"激活后可开启"布局"工具栏，相关命令如"栏""对齐辅助线"等，以图标的形式直观显示出来，可激活或关闭（图 1-61）。可将布局工具栏放置到工作窗口上方的属性栏内。右击属性栏,可见"布局"被勾选，去掉勾选即关闭（图 1-62）。

图 1-60　页面设置的"选项"对话框

图 1-61　"布局"工具栏

图 1-62　开启或关闭"布局"

5. 排列（A）菜单

一个完整的作品，会有多个图形对象、文本、节点对象。排列菜单汇集了处理各个对象相互关系的命令。第一类命令"变换""对齐和分布""顺序"控制指定对象在多个对象中的相对位置。第二类命令"合并""拆分""组合"控制指定多个对象的关联与否的关系。第三类命令"隐藏""锁定"控制对象显隐、锁定的显示属性。第四类命令"造形"，适用于两个以上的对象通过合并、剪切、交集等方式生产新的不规则对象。这一组命令在编辑造型阶段经常使用。当选中工作窗口内两个以上的对象时，属性栏会将"造型"命令的图标直接显示出来，便于高频使用。图 1-63 以大圆和小圆为例，小圆放置在上一层，按住 [Shift] 键，点击小圆再点击大圆，再点击"造形"的各项命令，分别得到图中结果。勾选"造型"命令，可调出"造型"泊坞窗（图 1-64）。泊坞窗内的选项再次提供造型各个命令供用户选择。第五类为图形、文本、轮廓对象与节点对象的转换类命令，转换为节点命令后，可用形状工具对节点和节点间的线段进行更细致的编辑。第六类命令可以调出对象属性和对象管理器泊坞窗（图 1-65、图 1-66）。

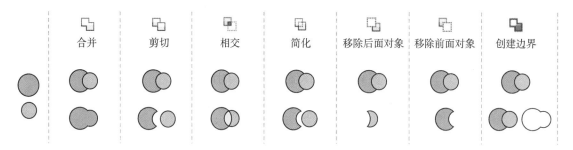

图 1-63　造形命令图示

"对象属性"泊坞窗也可通过编辑（E）命令调出。对象管理器以剖面的形式，将文档主页面和页面 1、页面 2……上的各个对象，以简要信息的形式展示出来，包括新建图层、该图层显或隐、是否可打印或导出、锁定或解锁等选项。

6. 效果（C）菜单

效果（C）菜单的第一类命令针对对象色彩的调整，包括调整、变换、校正命令，能改变原有的色彩，产生丰富多彩的变化。第二类命令可调出艺术笔、调和、轮廓图、封套、

图 1-64　"造型"泊坞窗

立体化、斜角、透镜泊坞窗，调整泊坞窗的参数，能即时生成各种特殊效果。图 1-67 采用"斜角"泊坞窗将一个矩形变为斜边效果。图 1-68 用"透镜"泊坞窗为图形增加了滤镜，色彩发生了改变。第三类命令为图框精确裁剪、增加透视、翻转命令，可将多个效果组合到一个对象中。第四类命令提供各类特殊的复制、清除、克隆命令。

图 1-65 "对象属性"泊坞窗

图 1-66 "对象管理器"泊坞窗

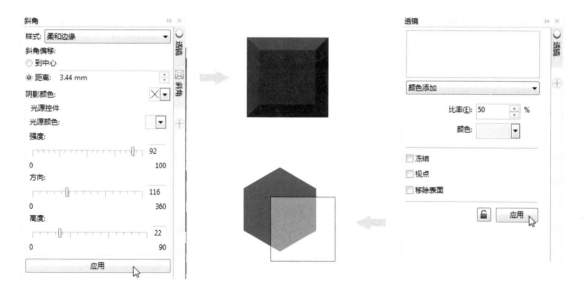

图 1-67 "斜角"泊坞窗及效果　　　　　　　图 1-68 "透镜"泊坞窗及效果

7. 位图（B）菜单

　　位图（B）菜单是 CorelDRAW X7 用于转换和处理位图的命令汇总，对位图提供类似 Photoshop 一样的处理功能。第一类命令是将矢量图转换为位图。第二类命令是对位图的色彩进行调整，包括自动调整、位图色彩试验器，矫正图像。第三类命令可转到相关程序去调整位图、调整位图格式，调出位图颜色遮罩器等。第四类命令为调整位图与链接的命令。第五类命令是将位图转为矢量图的命令，包括快速描摹、中心线描摹、轮廓描摹，属于高频命令，在属性栏有对应的按钮。第六类命令是对位图的丰富艺术效果的处理，如让位图文件产生浮雕、透视、挤压、模糊、扭曲、卷页、马赛克等八十多种效果。每种命令都有对话框，丰富的选项和参数调整，可预览即时效果。在二维平面进行设计，这些特色效果提供了矢量图不能达到的肌理、材质效果。图 1-69 选择了部分效果予以展示。第七类命令为可安装插件扩展更多的效果命令。

作为主要编辑矢量图的软件，位图菜单可与 Photoshop 的滤镜菜单媲美，是 CorelDRAW X7 软件完善功能的体现，只是运算位图时软件运行较慢。

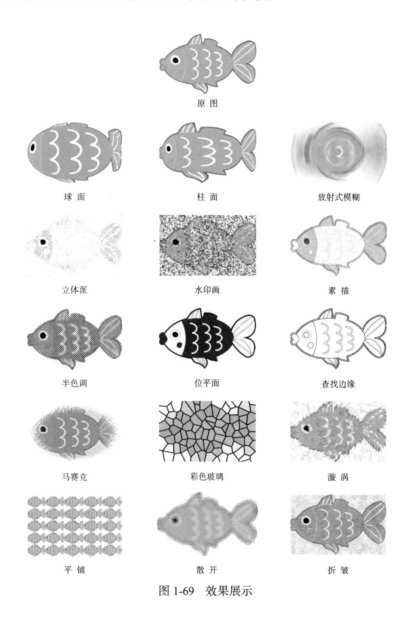

图 1-69 效果展示

8. 文本（X）菜单

CorelDRAW X7 不仅是一个图形图像软件，还能对文本进行直接处理，文本菜单汇总了文本处理命令，包括文本属性、制表位、栏、项目符号、首字下沉、断行规则、字体乐园命令，可对美术字和段落文字进行全面的编辑。可对文本进行对话框编辑，显示统计信息和非打印字符；美术字和段落文本可进行互相转换；显示或隐藏段落文本框；可使文本适合路径；让文本对齐基线；使用断字设置；变更大小写；使 CorelDRAW X7 文本与 HTML 文件相互转化；实现精美的图文混排等操作。

正是因为具有强大的文本编辑功能和自由的图文编辑方式，CorelDRAW X7 成为重要的复杂图文混编的排版软件。

9. 表格（T）菜单

该菜单有表格工具▦，属性栏有行数、列数、背景色、边框宽度、边框方式、轮廓颜色等选项，而表格（T）菜单汇集了属性栏没有的表格方面的命令，令表格绘制功能更加强大。表格（T）菜单可以新建表格，让段落文本框和表格互换；可插入、选择、删除行；还可以拆分合并行、列。

10. 工具（O）菜单

工具（O）菜单主要对 CorelDRAW X7 的各项基本工具、屏幕组件和工作窗口进行设置和管理。工具菜单提供了强大的管理器阵容，包括对象管理器、视图管理器、调色板编辑器等，并能创建箭头、字符，进行图样填充。通常，在设计时都以系统默认的设置为准。

11. 窗口（W）菜单

窗口（W）菜单除可新建窗口、关闭窗口、显示打开文档名外，还可以把各种窗口组件，包括管理器、对话框、调色板等的名称集成在其中，用户可在此打开或隐藏。可以在窗口菜单汇总选择不同的多窗口显示方式，如层叠窗口、水平平铺窗口、垂直平铺窗口等。窗口菜单可对调色板、各种泊坞窗、各项工具栏的开启和关闭进行汇总控制。

12. 帮助（H）菜单

帮助（H）菜单为用户提供了视频教程、专家意见等支持服务。同时，以会员资格的方式允许用户向 Corel 公司咨询取得技术支持。

课后思考与练习

熟悉 CorelDRAW X7 的工具栏，完成各个图例的绘制。

第 2 章 CorelDRAW X7 在平面设计中的应用

学习任务: 通过本章的学习，让学生掌握 CorelDRAW X7 在平面设计中的应用。
关 键 词: 标志设计、构成设计、装帧设计、包装效果图设计。

2.1 标志设计

标志的"标"有标准、规范之意;"志"指记住而不忘。标志是指具有明确而精炼的图文形式、传达特定含义和信息的象征性视觉符号。它能使受众群迅速获取标志所代表本体的重要信息，并对其识别、理解与记忆。标志设计的过程是一个将抽象概念形象化的创作过程，创造出一个具有商业价值的符号，并兼有艺术欣赏价值。一个完整的标志包括名称、图形、色彩三部分。

标志是品牌形象的核心部分。标志、商标作为企业 CIS 战略的最主要部分，在企业形象传递过程中，是应用最广泛、出现频率最高，同时也是最关键的元素。标志用于商业用途，经过在政府有关部门依法注册后，称为"商标"。商标是一个专门的法律术语。商标受法律的保护，注册者有专用权。

标志按使用对象分类为（图 2-1）:

1. 品牌标志（企业标志及产品商标）

2. 公共标志（活动标志、会议会徽、各类指示符号）

3. 政府及组织的徽标（国家、政党、城市、宗教等）

4. 个人标志

品牌标志　　　　　　公共标志　　　　　组织的徽标　　　　　个人的标志

图 2-1　标志按使用者对象分类

标志按组成元素分类为:

1. 文字标志（由中文、外文或汉语拼音的单词构成的标志）

2. 图形标志（由几何图案、象形图案构成的标志）

3. 图文组合标志（由文字和图形组合而成的标志）

从临摹开始学习 CorelDRAW X7，是入门最便捷的途径。标志的造型具有多样化，不同的标志会用到不同的工具，要在多次推敲中找到最合适的方法。标志的工作量较小，通过临摹标志会积累很多的经验。

临摹标志首先需要点击属性栏 📥 或按 [Ctrl+I] 键导入，将选用的标志导入工作窗口，放大到适当的比例；之后用各种工具在标志的表面层描绘。

2.1.1 文字标志临摹

临摹如图 2-2 所示文字标志。

图 2-2   文字标志

1. 开启一个新文件，按 [Ctrl+S] 键储藏在指定位置，命名为"文字标志"。点击矩形工具，在工作窗口绘制一个长方形，在属性栏尺寸处点击 🔒，解开等比锁定，输入宽 6.2mm，高 8mm；点击调色盘的黑色为方块填充黑色，右键点击调色板最上方的⊠去掉矩形轮廓线。

2. 点击 ⿰ "文本工具"，在工作窗口点击一下，输入美术字大写字母"T"，点击 ⿰ "选取工具"，在属性栏选择字体"Arial"，字号为 24，填充白色。点击字母的中心，拖动到方块上面，出现"中心"二字，放开鼠标，此时，文字置于方块上方，二者中心重合（图 2-3）。

3. 精确点击白色文字，如图 2-4 所示，表明仅有文字被选中。按住 [Shift] 键，再点击黑色方块，两者同时被选中，此方法可以用于添加多个对象。另一种方法就是点击选取工具后在屏幕上拉出一个蓝色虚线框，将两者包围，则两者同时被选中。

图 2-3   文字置于方块
上方，二者中心重合

图 2-4   仅文字被选中

图 2-5   复制对象到相邻位置

图 2-6 调整间距   图 2-7 中点对齐

4. 选中方块和字母 T，将鼠标移动到左上角，出现"节点"二字，点击鼠标左键不放，将图形整个移动到右上角，左键依然不放，同时点击右键，两个对象都被复制出来（图 2-5）。这样节点对准节点移动对象的方式，保证二者间紧密结合。

5. 点选第二个方块，在调色板里点击 10% 黑色，右键点击☒去掉轮廓颜色。点选字母 T，用鼠标把 T 抹成灰色后，输入 H。若 H 字体发生改变，重新在属性栏里选"Arial"字体。仔细观察 H 并未在灰色方块正中，是因为字体间距占位造成的，只有将 H 由字体变为曲线图形才能解决这一问题。点选 H，按 [Ctrl+Q] 键，对文字进行转曲。点 H 的中心，再次移动到灰色方块上，直到"中心"二字出现，表示方块与 H 中心对齐，如图 2-7 所示。转曲后的文字变为曲线对象，不能再进行文本编辑而只能进行形状编辑。采用同样的方法，将第三组方块和文字绘制出来（图 2-6）。

6. 点击多边形工具，按住 [Ctrl] 键的同时绘制一个等边六边形，在属性栏点击🔒进行等比变化后，输入长度 18。选中多边形，将鼠标移到多边形最左侧边的中点，出现"节点"二字，点击"节点"后拖动鼠标与黑色方块的中点重合（图 2-7）。用同样的办法可以完成多个节点对齐，让图形整齐有序。

7. 默认 1、2、3 点为顶点，4、5、6 点分别为各个边的中点。点击🔧"裁剪工具组"选择🔪"刻刀工具"，点击六边形的 1 点位置，再点击 3 点位置，此时，六边形被分割成两个部分。点击三角形，填充橘色，并去掉其黑色轮廓线，如图 2-8 所示。

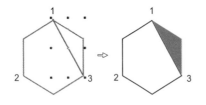

图 2-8 分割图形

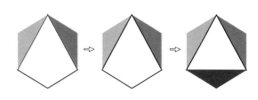

图 2-9 分割三个三角形

8. 点击剩下的空白图形，如果用刻刀连接 1、2 点，会发现无法使用。这是因为该图形位于橘色三角形下面，无法精确选择到节点的缘故。选中这个空白的图形，按下 [Shift+PgUp] 键，将该图形移至最上层。用刻刀工具连接 1、2 点，划分出第二个三角形，填充绿色，去边框。同理完成第三个紫色三角形，如图 2-9 所示。

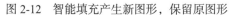

图 2-10　确定中心点　　　　　　　　　　　　　　　　图 2-11　智能填充

图 2-12　智能填充产生新图形，保留原图形　　　　　图 2-13　三角形恢复原位

9. 将剩下的白色三角形按 [Shift+PgUp] 键移至最上层，首先找出色块分界的中心点，但它不是图形自身的中心。点击 "手绘工具（F5）"，点击 1 点位置后，再点击对边中点，三角形被线条等分，但并未真正分割，若此时为三角形填充色彩，会发现三角形是 1 个完整的图形，线条仅放置在上面。继续画出线条 2-5，色块的中心点出现，连接中心点和 6 点，如图 2-10 所示。

10. 点击 "形状工具（F10）"，点击线条 2-5，点击 2 点，拖动到中心出现 "节点" 再松开鼠标。同理，完成中心到 4 点的线段（图 2-10）。线段的端头必须紧密重合，"中点" "节点" 等出现后才能松开鼠标。

11. 点击 "智能填充工具"，在属性栏的 "填充颜色" 下拉框中选黄色，再点击 156 图形中间，会发现自动生成了一个封闭的图形。同理，可完成 345、246 图形的绘制，如图 2-11 所示。

将智能填充的三个图形的轮廓色去掉，一起移至空白区域，会发现原来的位置依然有线框图，这是因为智能填充是在原有图形的基础上产生新的图形，原有图形仍旧保留；而刻刀工具是将原有图形分割，所以不会再产新的图形，如图 2-12 所示。

为了让图形更严谨，分别精确点选原来的线框，用 [Del] 键删掉。全选旁边的 3 个智能填充图形，点击 1 点回到原来的位置，如图 2-13 所示。

图 2-14　右侧图形的完善　　　　　　　　　　　　　图 2-15　圆与六边形的中心定位

图 2-16　将调和图形填入路径

图 2-17　将交互式图形附着到路径上

12. 复制 5 个长方形和字母，放在六边形右侧。修改字母为 A、N、S，转曲后，各自对准长方形的中心放置。删除掉第 3 和第 5 个字母。用圆形工具在空白窗口画 1 个圆，在属性栏修改直径为 2.4mm，在轮廓宽度的框内输入 0.6，去掉填充的颜色，右键单击调色板的白色将轮廓填充为白色。点击圆的中心拖动圆形与第三块长方形的中心重合，松开鼠标，如图 2-14 所示。

13. 选中第 5 个长方形，将鼠标移至图形外右下角的黑色小方块上，鼠标变为缩放箭头"⬉"，按下鼠标拖动到"中心"位置再松开鼠标，形成一个原有长方形的 1/4 面积的小长方形。复制 3 个小长方形，将它们按节点重合的方式，如图 2-15 所示放置，再分别选中后填充黄色、黑色和绿色（图 2-14）。

14. 点击椭圆形工具，按下 [Ctrl] 键，画出一个正圆 A，在属性栏里输入直径 26mm，点击圆的中心，拖动圆到六边形的色彩中心，二者中心重合（图 2-15），这一步是弧形线的定位。

15. 点击圆 A，在属性栏选择弧形，改起点数字为 25°，终点数字为 155°，一条弧线产生。在工作窗口的空白处画出两个圆，直径为 1mm，黑色，无边框。点击"⬙"，将鼠标移至一个圆上变为"⬚"，点击此圆不松开鼠标，拖出一条虚线，移动到另外一个圆时会被自动吸引，松开鼠标，一串调和图形就产生了，如图 2-16 所示。在属性栏里修改步长为 13。

16. 选中交互式图形组（不要点击开始图形和结束图形，要点击中间的任何图形），在属性栏点击"新路径"，鼠标变为"⤳"。点击弧线，图形组就附着到弧形上。点击开始图形，拖动到弧形一端；点击结束图形，拖动到弧形另一端，如图 2-17 所示。

17. 精确点击弧线，右键点击☒去掉边框颜色。全选图形按 [Ctrl+G] 键群组，整个标志临摹完成，存储文件。

特别注意，制作过程中应随时按 [Ctrl+S] 键存储文件，虽然有备份可找回，但有时备份文件不是最新的步骤。

2.1.2　图形标志临摹

临摹如图 2-18 所示的图形标志。

1. 新建一个文件，存储在指定位置，命名为"图形标志"。绘制一个长方形，在属性栏解锁后调整尺寸为 40mm×20mm，按 [Ctrl+Q] 键转曲。选中长方形，点击形状

图 2-18　图形标志

工具 ，图形变为图 2-19，表示该长方形有 4 个可以编辑的节点和 4 根线段。观察鼠标移动到边、角和中间时的变化。

2. 勾选视图（V）菜单→贴齐辅助线和贴齐对象，从垂直尺寸栏拉出两条辅助线，分别放置在长方形的最左边和最右边，此时，辅助线挨近任何对象边线都有被自动吸附的感觉，不选前面的选项则不会如此。从水平尺寸栏拉出一条辅助线，紧挨长方形的上边。

3. 海豚是一个可以填充颜色的封闭线框，由很多条子线段密闭连接而成。每条子线段的起点和终点控制了该段是直线或者曲线段，我们把这些起点和终点称为节点。海豚由 15 个节点控制的线段组合而成（图 2-20）。将鼠标移至方形的边线，双击，边线上就增加了一个节点。在已有的节点上双击，该节点则消失。拖动节点可以改变图形的形态。尝试做出如图 2-21 所示的形态。

图 2-19　转曲后的图形

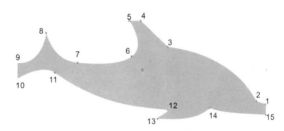

图 2-20　海豚节点分析

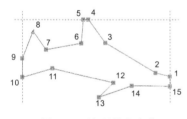

图 2-21　海豚节点定位

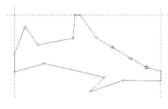

图 2-22　转直线为曲线

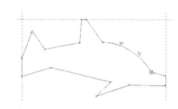

图 2-23　2 号节点变尖突节点

4. 调整各个线段

（1）1-2 为直线，点击 2 号节点拖动到适当位置以确定长度、方向。

（2）点击线段 2-3 的中间，出现一个小亮点，在属性栏点击 "转直线为曲线"，2 号、3 号节点就会出现相对的两根带箭头的蓝色控制柄，点击线段中间的位置，在屏幕上拖动曲线到适当位置。点击 3 号节点，出现控制柄，点着小箭头再次精细调整曲线的弧度，如图 2-22 所示。

（3）点击 2 号节点，出现控制柄，但是只能拖动其长短，不能改变方向。选中 2 号节点，点击属性栏 使节点成为尖突，再拖动 2 号节点的控制柄就可以自由变形了，如图 2-23 所示。

节点分为三种，其作用如图 2-24 所示。

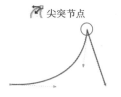

尖突节点　　　　　　　　　平滑节点　　　　　　　　对称节点

尖突节点的两端可以是直线　　平滑节点通常用在弧形的中　　对称节点的控制柄强制为一
或曲线，左右控制柄可形成　　间，节点左右产生流畅的曲　　根直线，并且左右长度一致。
任意角度。　　　　　　　　　线。控制柄强制为一根直线，
　　　　　　　　　　　　　　但两边长度不一致。

图 2-24　三种节点的作用和图示

（4）用形状工具点击线段 5-6 的中部，点击属性栏"转直线为曲线"；同理把线段 6-7、7-8 都由直线变为曲线。用形状工具拉出一个方框包围节点 6、7，点击 🖾 把两个节点都变为平滑节点。拖动节点 6 和节点 7 到合适的位置，调整节点 5 和节点 8 的控制柄，让整段弧形和谐优美，如图 2-25 所示。

（5）将线段 8-9 变为曲线，点击节点 8 和节点 9 的控制柄，调整曲线 8-9。保持线段 9-10 为直线且与辅助线吻合。

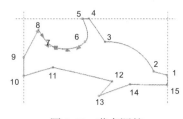

图 2-25　节点调整

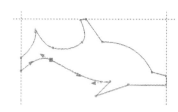

图 2-26　节点调整

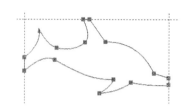

图 2-27　海豚图形完成

（6）将线段 10-11、11-12、12-13、13-14、14-15 都由直线变为曲线，设置节点 11 为平滑节点，其他节点为尖突节点，调整各线段形成完整的海豚形象（图 2-26）。检查海豚的长度是否为 40mm，否则再次调整线段 9-10、4-5、15-1，使三段线为直线，且与辅助线吻合。海豚的高度约为 20mm，如图 2-27 所示。

5. 为了便于观看，暂时给海豚一个粉红色，右键单击调色板的 🖾 去掉海豚的边框线条。选中海豚，点击阴影工具组的轮廓图工具，在属性栏点击"外部轮廓" 🖾，步长为 1，偏移宽度为 1.5，轮廓色暂时为紫色（图 2-28），图形变为图 2-29。这一步骤是为了增加海豚下面的色块。

6. 点击海豚的紫色轮廓，此时轮廓组被选中；对比点击粉色海豚，仅有海豚图形被选中。两种方式的属性栏是不同的。选中轮廓组，按 [Ctrl+K] 键，将海豚图形和其紫色轮廓分开。仅点选海豚并移动到其他地方，紫色轮廓仍然留在原地不动，说明两个图形已经拆开了（图 2-30）。点击海豚图形的中心回到紫色轮廓的中心，或按 [Ctrl+Z] 键（后退）一次，回到之

前刚分开但是没有移动开海豚的步骤。

7. 画一个长方形，在属性栏调整尺寸为 40mm×26mm，如图 2-31 所示。选中长方形，按 [Shift] 键再点击粉色海豚，按 T（上对齐）、L（左对齐）、R（右对齐）键，如图 2-32 所示。

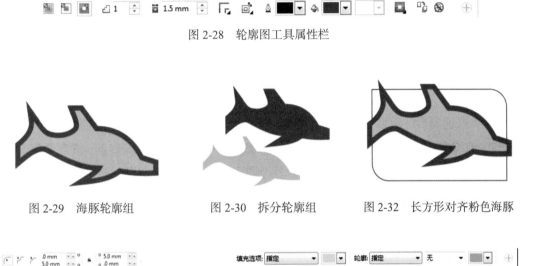

图 2-28　轮廓图工具属性栏

图 2-29　海豚轮廓组　　　　图 2-30　拆分轮廓组　　　　图 2-32　长方形对齐粉色海豚

图 2-31　矩形属性栏　　　　　　　　　图 2-33　智能工具属性栏

对齐命令有六个，分别为 T（上对齐）、L（左对齐）、R（右对齐）、B（下对齐）、E（水平居中对齐）、C（垂直居中对齐）。注意无论选多少个图形，最后被选中的图形才是对齐的标准参照物。

8. 去掉粉色海豚和紫色海豚的颜色，右键点击调色板的黑色。采用智能填充工具，调整属性栏如图 2-33 所示，点击海豚下面的条状部分空白处，出现了一个浅紫色封闭条状图形，如图 2-34 所示。

9. 点击大海豚的线框，把它移到其他地方（图 2-35）。用智能填充工具点击其他三个区域，分别填充橘色、蓝色和酒绿色。海豚填充白色，如图 2-36 所示。

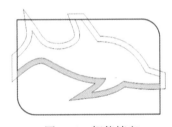  

图 2-34　智能填充　　　　图 2-35　移走大海豚线框　　　　图 2-36　智能填充

10. 按住 [Shift] 键，点击白海豚、绿色、橘色、紫灰色、蓝色五个图形，按 [Ctrl+G] 键，形成一个群组。再按 [Shift+PgDn] 键，将整个群组移动到最下层。还有一个无填色的长方形线框，现在它位于整个图形最上层。

11. 点击图形上任意地方，填充白色，长方形就显现出来了（图2-37）。按住 [Shift] 键，移动鼠标到一个角，点击鼠标向外扩大，先松开鼠标，再松开 [Shift] 键。这是强制图形以中心向外等比放大。白色的方形变大，遮着了所有的图形。点击"视图（V）→简单线框"，所有图形都显示出无色、有轮廓的状态（图2-38）；再点击视图菜单里的"增强"，回到正常显示状态。该命令用于查看隐藏的对象。选中白色长方形，按 [Shift+PgDn] 键，将其调到最下层。

"层"表示图形的前后位置，有4个快捷命令需要记忆：

[Shift+PgDn]（到最后一层）　　　　[Shift+PgUp]（到最前一层）

[Ctrl+PgDn]（向后移动一层）　　　　[Ctrl+PgUp]（向前移动一层）

12. 观察白色图形的边缘是否均等，因为是手动扩大的图形，所以边缘不一定均等。解锁等比，修改属性栏，将白色图形的尺寸改为44mm×30mm，并把左下角、右上角的圆角系数5改为7，白边显得十分均匀（图2-39）。

 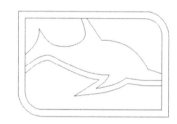 

图2-37　长方形遮住下面的图形　　　图2-38　线框视图　　　图2-39　长方形圆角系数调整后

13. 选中外侧白色长方形，点击阴影工具，调整参数如图2-40所示，向外拖动直至出现阴影。

14. 点击多边形工具组的螺纹，调整属性栏螺纹回圈为2，对称式，同时按住 [Ctrl] 键，在工作窗口画出螺纹线。修改长度为7mm，轮廓宽度为0.75，轮廓色为白色。点击手绘工具组的折线工具，画出折线，线宽为0.75，轮廓色为白色，如图2-41所示。

图2-40　阴影工具属性栏

图 2-41　绘制螺纹线、折线

图 2-42　复制并放大图形

15. 全选所有图形，按 [Ctrl+G] 键形成一个群组，此后选群组只需点击图形任一个位置而不必全部框选。拖住图形到其他地方，右键点击鼠标一次，复制出一组图形。将第二组图形放大，仔细观察，浅紫色条状图形等比放大，因为它是封闭图形，螺纹线和折线看起来细了（图 2-42）。另外再复制一组图形，将其缩小，发现螺纹线和折线看起来粗了很多。其实，螺纹线和折线并没有发生变化，是周围图形的放大和缩小显得螺纹线变细或粗。为了避免以后标志放大、缩小会出现类似情况，必须对线条进行调整。按住 [Ctrl] 键精确点选原来图形中的螺纹线，按住 [F12] 键，出现"轮廓笔"对话框，如图 2-43 调整。同理调整折线。

图 2-43　"轮廓笔"对话框

全选图形，按 [Ctrl+G] 键群组，标志完成。观察线的端头变为圆形。可再次放大或缩小图形以验证线的粗细是否等比缩放。

图形标志临摹完成，储存文件。

2.1.3　立体标志临摹

临摹如图 2-44 所示的立体标志。

1. 新建一个文件，储存在指定位置，命名为"立体标志"。用椭圆形工具绘制一个椭圆，在属性栏修改尺寸为 14mm×6mm。点击 □ "阴影工具组"的 ▣ "立体化"，将鼠标移动到椭圆内中心点，按住 [Ctrl] 键，点击椭圆，向下拖动到一

图 2-44　立体标志

定位置，先松鼠标再松 [Ctrl] 键。这一步保证拖出的立体是铅垂方向，如图 2-45 所示。

2. 按图 2-46 调整立体化工具的属性栏，图形变为圆柱体，高度 15mm，如图 2-47 所示。

3. 全选这个圆柱体，按 [Ctrl+K] 键，将图形拆分为椭圆和立面，便于自由填充色。

4. 选中椭圆，点击 "交互式填充（G）"，选属性栏的 "渐变填充"，调整属性栏如图 2-48 所示，去掉椭圆的轮廓色。

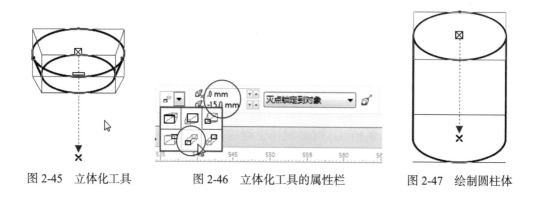

图 2-45　立体化工具　　　　图 2-46　立体化工具的属性栏　　　　图 2-47　绘制圆柱体

5. 选中图形，去掉椭圆的轮廓色，点击 "交互式填充（G）" 中的 "均匀填充"，如图 2-49 所示。

6. 点击文本工具，在工作窗口输入美术字：FULLER PAINTS，按 [Enter] 键分成两排，字体选 "Arial Black"，字号为 24，文本对齐选 "强制调整"（图 2-50）。用选取工具选中文本，点击 "文本菜单→更改大小写"，选择 "大写"，点击 "确定"（图 2-51）。

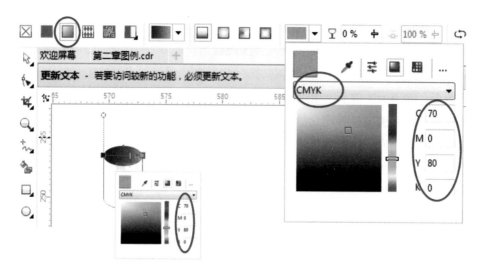

图 2-48　"渐变填充" 对话框

图 2-49 "均匀填充"对话框

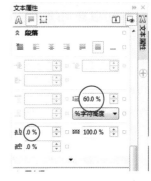

图 2-50 文本对齐   图 2-51 "变更大小写"对话框   图 2-52 "文本属性"泊坞窗
      方式调整

7. 修改文字的尺寸为 13mm×11mm，点击"文本（X）菜单 → 文本属性"或 [Ctrl+T] 键调出"文本属性"泊坞窗，按图 2-52 调整参数，使字距和行距符合要求。将文本放在圆柱体的立面上，中心对齐（图 2-53）。

图 2-53 文本定位   图 2-54 封套调整   图 2-55 复制两个椭圆   图 2-56 复制弧形

8. 因为色彩对操作有干扰，勾选视图（V）→ 简单线框。选中文本，点阴影工具组的封套工具 🔲，为文本增加一个封套，有 8 个节点，默认状态下，1357 是尖突节点，2468 是平滑节点。根据图形的需要，可删除节点 4、8，让线段 1-7 和 3-5 成为直线，然后调整节点 2 和节点 6 为对称节点，调整控制柄，让文本的轮廓吻合圆柱的立面形状。需要注意，节点 1 和 3 的水平位置一样，不可单独调整它们的高度，造成图形左肩和右肩不等高。同理，节点 5 和 7 也如此。调整后的文本宽度仍然是 13mm，高度为 14mm 左右，如图 2-54 所示。

9. 选中椭圆形，按住 [Shift] 键，点击右上角的黑小方块拖动向内缩小，单击右键，松开左键，再松开 [Shift] 键，这样强制产生一个缩小的同心椭圆。属性栏锁定等比变化尺寸后，改长度为 11.5mm，点击属性栏的水平镜像 🔲，小椭圆被翻转，颜色变化。同理再复制一个小椭圆，长度为 8mm，镜像，如图 2-55 所示。

10. 以椭圆的中心为圆心，按住 [Shift+Ctrl+Alt] 键，强制画出一个正圆。属性栏等比尺寸长度为 17，选中弧形，开始于 180°，结束于 360°。弧形的宽度为 0.75mm。选中弧形，点击 "排列菜单 → 将轮廓转换为对象"（[Shift+Ctrl+Q]），该弧形不再是一根线条而是一个封闭图形，其上色方式为点击鼠标左键而不是右键。给此弧形图形填充黑色，去掉轮廓色，绘制上方的弧形，如图 2-56 所示。

11. 选择 "视图（V）菜单 → 贴齐（T）→ 对象（O）"，画一个矩形，尺寸高度为 2.5mm，点击它的左上节点靠近弧形图形的一个节点，矩形会被自动吸附。拖动矩形的边，缩放另一边重合到弧形图形的另一个节点（图 2-57）。

图 2-57　矩形对齐弧形的边　　图 2-58　绘制小矩形　　图 2-59　绘制大椭圆

12. 点击颜色滴管工具 🔲，将鼠标移动到圆柱体立面的草绿色上，该颜色的参数自动显示，点击一下，草绿色被吸到滴管里。将鼠标移动到刚才的小矩形上，鼠标变为一个小桶，点击一下，草绿色被填充到小矩形上。去掉轮廓色。复制这个草绿色小矩形，紧密放置到下面，用吸管工具吸附文本的颜色，填充。复制这两个小矩形到弧形图形的另一侧（图 2-58）。

13. 复制一个椭圆，属性栏等比尺寸，宽度为 26mm。点击椭圆，按 [Shift] 键，同时点击圆柱立面，两个图形被选中。按 B（下对齐）、C（水平中心对齐）键，如图 2-59 所示。

点"窗口菜单→泊坞窗→变换→位置"（[Alt+F7]），调出位置泊坞窗。选中这个椭圆，调整参数如图 2-60 所示，大椭圆垂直向下移动 4.5mm。

14. 选中这个椭圆形，点击立体工具，按住 [Ctrl] 键再次拉出一个圆柱体，参数如图 2-61 所示，得到图 2-62。

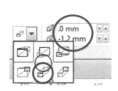

图 2-60　位置泊坞窗的调整　　　图 2-61　圆柱体参数　　　图 2-62　圆柱体的绘制

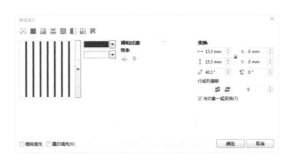

图 2-63　"编辑填充工具"对话框

15. 选中新画的圆柱体，按 [Ctrl+K] 键拆分立面和椭圆形为两部分。用吸管工具吸附草绿色填充立面。选中椭圆，点击 🔧 "编辑填充工具"，参数如图 2-63 所示。

全选图形，按 [Ctrl+G] 键群组，储存文件，标志完成。

2.1.4　对称标志临摹

临摹如图 2-64 所示的对称标志。

对称型的标志在制图上难度较大，必须保持各个部分的均匀以及位置的均等，必须充分利用多边形工具。

1. 点击多边形工具组（Y）的复制星形工具，按 [Ctrl] 键，在图上绘制一个六角星形，如图 2-65 所示。在属性栏锁定等比 🔒，输入长度为20。之所以不用星形工具，是因为调整内角节点与外角节点等高有一定难度。

图 2-64　对称标志

2. 点击智能填充工具，将星形中间和 6 个角都填充颜色。按 [Shift] 键点选这 7 个图形，移至一旁，在属性栏点击 🔲 "合并"，产生一个新的六角星形 A，打开 "编辑填充工具"，填充深黄（M20Y100），边框黑色，宽度 1.0mm（图 2-66）。删除原有的星形。

3. 点击六角星形 A，按 [Ctrl] 键，鼠标移动至右上角，左键点击右上角小黑方块向外拉伸，点击右键，放开左键，松开 [Shift] 键，复制一个同心的大星形 B。按 [Ctrl+PgDn] 键，将大星形 B 移动到下一层，填充为白色，轮廓宽度为 1.0mm，颜色为橘色（M60Y100），如图 2-67 所示。

图 2-65　绘制六角星形　　　图 2-66　合并新的星形 A　　　图 2-67　复制大星形 B

4. 选中六角星形 A，选择 "排列（A）菜单 → 将轮廓转换为对象"（或按 [Ctrl+Shift+Q] 键），图形被拆分为黑色边框图形和中间的六角星形 A。此时，黑色边框图形不再是轮廓，而是一个封闭的图形。黑色在六角星形 A 上层，压住了边缘的一部分。这是因为在轮廓对话框中，没有选择 "填充之后" 的缘故。为了精确制图，点击黑色边框，按 [Shift] 键再点六角星形 A，点击属性栏 🔲 "修剪"，六角星形 A 被压住的边缘被修剪掉。可在 "视图" 简单线框的显示模式下查看变化。

5. 用手绘工具，点击六角星形的一个内角节点，再点击对面的内角节点，画出一条直线。同理，画出另外 2 条内角连线。设置这 3 条直线的线宽都为 1.0mm，暂时将三条线都设置为红色以便于观察。选中三条线，按住 [Shift] 键，向右上角拖动放大，松开鼠标再松开 [Shift] 键。选中这三条线，点击 "排列菜单→将轮廓转换为对象"，这 3 条线也变为封闭图形，按属性栏 🔲 "合并"，产生一个新的交叉图形（图 2-68）。

6. 点选交叉图形，按住 [Shift] 键，点击六角星形 A，按属性栏 🔲 "修剪"，将六角星形 A 修剪。同理，用交叉形修剪黑色边框图形。删掉交叉图形，如图 2-69 所示。

7. 此时六角星形 A 已经被修剪为 6 个部分，但仍然是一个封闭图形。选中它，点击属性栏 🔲 "拆分"（[Ctrl+K]），6 个角彻底变为 6 个独立的图形。点击其中的 3 个，填充橘色（M60Y100），如图 2-70 所示。

8. 选中最下层的大星形 B，按住 [Shift] 键，点击右上角外的小黑方块向内拖动，单击右键，松开左键，松开 [Shift] 键，复制出一个小星形 C。选中小星形 C，在属性栏锁定等比，输入尺寸长度 11.5mm，填充白色，轮廓为橘色（M60Y100），如图 2-71 所示。

图 2-68　画三条内角连线

图 2-69　交叉图形修剪后

图 2-70　拆分并上色

图 2-71　复制小星形 C

图 2-72　复制小星形 D

9. 选中星形 C，按住 [Shift] 键，点击右上角外的小黑方块向内拖动，单击右键，松开左键，松开 [Shift] 键，复制出一个小星形 D。选中小星形 D，在属性栏锁定等比，输入尺寸长度 6mm，填充深黄（M20Y100），去掉轮廓，如图 2-72 所示。

10. 现在只有大星形 B 和小星形 C 是带有轮廓的图形，为了使放大缩小不发生变化，需要锁定轮廓的等比变化。选中大星形 B，按 [F12] 键，勾选"随对象缩放"选项。选中小星形 C，按 [F12] 键，勾选"随对象缩放"选项。

11. 选中所有图形，按 [Ctrl+G] 键群组备用。

12. 用多边形工具（Y），左手按住 [Ctrl] 键，在旁边画出一个等六边形。在属性栏旋转角度输入 30° ↻ 30.0 ，再锁定等比，输入尺寸长度 27mm。

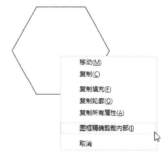

13. 选中群组图形，右键拖动它的中心移动到六边形上，重合中心，松开右键，出现对话框，选"图框精确裁剪内部"，群组图形被放置到六边形中（图 2-73）。注意，一定要使中心重合，否则群组图形进入六边形后不居中。

图 2-73　填充入六边形

14. 选中六边形，去掉轮廓色，在属性栏的旋转角度输入 0°，标志完成，如图 2-64 所示。

通过以上 4 个标志的临摹练习，应该对 CoreLDRAW X7 软件的工具应用有了一定的了解。看到任何标志应该分析：用 CoreLDRAW X7 软件的哪些工具、以什么步骤来制作。造型技巧需要通过大量临摹练习掌握。

课后思考与练习

1. 课堂完成案例临摹后，独立制作这 4 个标志。

2. 收集资料，临摹 6 个不同类型的标志。

2.2 构成设计

作为艺术设计的基础课程，平面构成和色彩构成多在进入专业学习之初学习，采用手工完成作业。

平面构成是视觉元素在二次元的平面上，按照美的视觉效果，力学的原理，进行编排和组合，以理性和逻辑推理来创造形象、研究形象与形象之间的排列方法。构成对象的主要形态包括自然形态、几何形态和抽象形态，形式主要有重复、近似、渐变、变异、对比、集结、发射、特异、空间与矛盾空间、分割、肌理及错视等。

色彩构成从色彩的知觉和心理效果出发，用科学分析的方法，把复杂的色彩现象还原为基本要素色相、明度和饱和度，利用色彩在空间、量与质上的可变性，按照一定的规律组成画面，创造出新的色彩效果。色彩构成与平面构成及立体构成有着不可分割的关系，色彩不能脱离形体、空间、位置、面积、肌理等而独立存在。

相对于手工作业，CorelDRAW X7 软件具有操作便捷、效果多元的优势。最初的训练，从临摹作品开始：熟悉工具和设计思路，努力打破电脑工具不熟悉的限制来接近手工作业的自由表达；后期，逐步进展到运用软件直接进行构成的创作，发挥电脑软件的优势以达到多元化和精准度。

2.2.1 平面构成创作

完成如图 2-74 所示的平面构成创作。

图 2-74 的基本元素是圆和四圆之间的菱形。因此，先绘制圆形。

1. 点击椭圆形工具，按住 [Ctrl] 键，画一个圆 A，属性栏锁定等比，尺寸为 20mm。该圆作为基本单位存在。

2. 选择圆 A，拖动到其他地方单击右键，再松开左键，圆 B 被复制出来。锁定等比，修改尺寸为 19mm。选中圆 B，按住 [Shift] 键，拖动右上角外的小黑方块，向内缩小，单击右键，再松开左键，松开 [Shift] 键，复制得到圆 C，属性栏修改尺寸为 2mm，如图 2-75 所示。

3. 点击 📇 "阴影工具组" 的 📇 "调和" 工具，点击圆

图 2-74 平面构成创作

C,拖动到圆 B 后松开鼠标。调整属性栏步长为 8。一组调和图形 D 出现。复制这组调合图形，命名为调和图形 E，如图 2-76 所示。

4. 选中调和图形 D，按住 [Shift] 键，再点圆 A，按 C（水平居中）、R（右对齐）键。选中调和图形 E，按住 [Shift] 键，再点圆 A，按 C（水平居中）、L（左对齐）键，如图 2-77 所示。

5. 用智能填充工具逐个部位填充。填充的颜色为红色,轮廓颜色和线宽随意。按住 [Shift] 键，点选每个被填充的红色弯形，按 [Ctrl+G] 键，形成一个群组 F。右键点击 ⊠ 去掉群组的轮廓线，如图 2-78 所示。

注意：因为月弯形较多，点选时若不知道是否遗漏，可以按 [Del] 删除查看一下，知道哪些没有选中后,再按 [Ctrl+Z] 键（后退）恢复到没有删除的那一步,按住 [Shift] 键继续点选，直到所有的圆形都被选中。

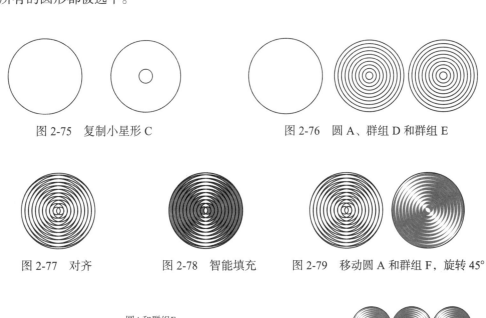

图 2-75　复制小星形 C　　　　　　　　图 2-76　圆 A、群组 D 和群组 E

图 2-77　对齐　　　图 2-78　智能填充　　　图 2-79　移动圆 A 和群组 F，旋转 45°

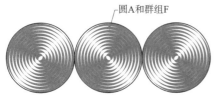

圆A和群组F

图 2-80　左右水平翻转复制圆 A 和群组 F

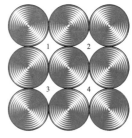

图 2-81　9 组图形

6. 按住 [Shift] 键，选中圆 A 和群组 F，移动至旁边的空白处。点击群组 F，在属性栏输入旋转 45°，如图 2-79 所示。

7. 全选圆 A 和群组 F，按住 [Ctrl] 键，将鼠标放在左边中点外的小黑方块处，按住左键，横向往右拖动,图形被水平翻转、等倍复制的虚影出现时,点击右键，松开左键，松开 [Ctrl] 键。

此时圆 A 和群组 F 被水平翻转、等倍复制。同理，全选圆 A 和群组 F，向反方向再次水平翻转、等倍复制一组图形，如图 2-80 所示。

8. 框选三组圆 A 和群组 F，按住 [Ctrl] 键，将鼠标放在下边中点外的小黑方块上，按住左键，竖向往上拖动，看到图形被垂直翻转、等倍复制的虚影出现时，点击右键，松开左键，松开 [Ctrl] 键。此时三组圆 A 和群组 F 被垂直等倍翻转复制。同理，框选三组圆 A 和群组 F，向反方向再次垂直翻转、等倍复制一组图形。现在形成了 9 组圆形 A 和群组 F，以及 4 个空白区域，如图 2-81 所示。

9. 按住 [Shift] 键，逐个点选 4 个相邻的圆 A，将它们移动到空白区域，单击右键复制。从中心到中心画 1 个正方形。选中智能填充工具，在空白区域单击，暂时填充蓝色，去掉边框线，这个蓝色菱形 1 用于定位（图 2-82）。假如不画正方形直接用智能填充工具，则无法填充空白区域。绘制后，删除正方形。

10. 选中圆 1，按住 [Shift] 键，按住右上角外的黑色小方块向内拖动，单击右键，松开左键，松开 [Shift] 键，1 个略大的圆被复制。在属性栏锁定等比，输入圆的直径为 22.5mm。同理，圆 2、3、4 也做同样操作，得到 4 个同心大圆（直径 22.5mm）（图 2-83）。用智能填充工具单击中间的区域，填充黄色，无轮廓，如图 2-83 所示。删除 4 个复制的圆。

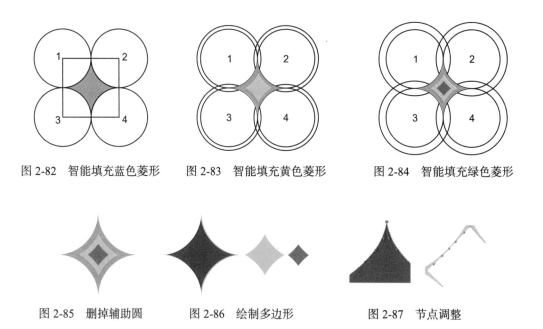

图 2-82　智能填充蓝色菱形　　图 2-83　智能填充黄色菱形　　图 2-84　智能填充绿色菱形

图 2-85　删掉辅助圆　　　　图 2-86　绘制多边形　　　　图 2-87　节点调整

11. 选中圆 1，按住 [Shift] 键，点住右上角外的黑色小方块向内拖动，单击右键，松开左键，松开 [Shift] 键，一个圆被复制。在属性栏锁定等比，输入圆的尺寸 25mm。同理，圆 2、3、4 也做同样操作，得到 4 个直径 22.5mm 的同心大圆，如图 2-84 所示。用智能填充工具点击中间的区域，填充绿色，无轮廓。删除圆 A4 和直径 25mm 的圆，如图 2-85 所示。

12. 将 3 个菱形一字形摆放。选中蓝色菱形，点击阴影工具组的轮廓图工具，选向内，步长 1，偏移 0.15。按住 [Ctrl+K] 键，将中间的红色菱形分离出来放在空白处，如图 2-86 所示。

13. 用形状工具点击红色菱形的上角，按键盘的 [↓] 键 6 次，上角被收缩了 6 个单位。同理收缩左角、右角、下角分别 6 个单位。用键盘的方向键可以微量、均等地移动节点，如图 2-87 所示。

14. 点击多边形工具，按住 [Ctrl] 键绘制一个等边多边形 1，属性栏边数选 4，锁定等比，输入尺寸 8.9mm。按住 [Shift] 键，选中多边形 1 和黄色菱形，按 C（水平居中对齐）、E（垂直居中对齐）形成中心对齐。点击形状工具，框选所有的节点，点击属性栏 ⌁ "转换为曲线"。选中边上的任一节点，点击属性栏 ⌁ "对称节点"。点选角上的任一节点（尖突节点），按键盘的 [↑] 键 1 次，4 个角都向外扩展 1 个单位，如图 2-87 所示。

上一步骤中，红色菱形的 4 个角要分别移动，而多边形 1 的节点是联动的，1 个角移动会带动 4 个角的节点都移动，如图 2-87 所示。

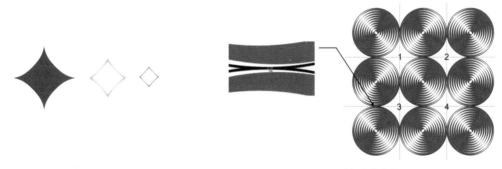

图 2-88　黄色边框和绿色边框　　　　　　图 2-89　辅助线定位

15. 点选多边形 1，按住 [Shift] 键，再点黄色菱形，按属性栏 ⊡ "移除前面的对象"，剩下黄色菱形边框，如图 2-88 所示。

16. 点击多边形工具，按住 [Ctrl] 键绘制一个多边形 2，属性栏锁定等比，输入尺寸 5mm。按住 [Shift] 键，选中多边形 2 和绿色菱形，先按 C（水平居中对齐）和 E（垂直居中对齐），再点击属性栏的 ⊡ "移除前面的对象"，剩下绿色菱形边框，如图 2-88 所示。

17. 回到主体图形，放大画面，从尺寸栏拉出横竖 4 条辅助线，放在圆与圆的切点上，出现"边缘"二字。虚线 4 个交点将是多边形的中心对齐的位置，如图 2-89 所示。

18. 按住 [Shift] 键，精确点选 9 个圆 A，按 [Ctrl+G] 键群组，移动到空白处。操作过程中有些图形需保留，以备修改所用。按住 [Shift] 键，精确点选 9 组群组 F。

19. 选中黄色边框图形，点击中心，拖动至空白区域 1，对准辅助线的交点后松开鼠标，填充红色。选中绿色边框图形，点击中心，拖动至空白区域 1，对准辅助线的交点后松开鼠标，填充红色。同理在区域 4 也放入两个边框图形，改为红色填充，如图 2-90 所示。

20. 选中红色菱形，点住中心移动到区域 2 和区域 4，对准辅助线的交点后松开鼠标。全选图形，按 [Ctrl+G] 键，成为一个大群组。此时可以随意点击调色盘的颜色进行更换检查，表明所有对象都是封闭图形，如图 2-90 所示。

21. 按住 [Ctrl] 键，绘制 1 个正方形，属性栏锁定等比，输入尺寸 40mm。选中大群组，点击"效果（C）菜单→图框精确裁剪（W）→置于图文框内部（P）"，点击正方形，大群组被放置进去。删除正方形的边框色。

22. 按住 [Ctrl] 键，单击正方形，进入正方形内部；选中大群组，可以移动到不同的位置。按住 [Ctrl] 键，单击空白区域，退出正方形。这

图 2-90　边框图形定位

两步命令可通过点击"效果（C）菜单"→"置于图文框内部（P）"和"结束编辑（F）"实现。

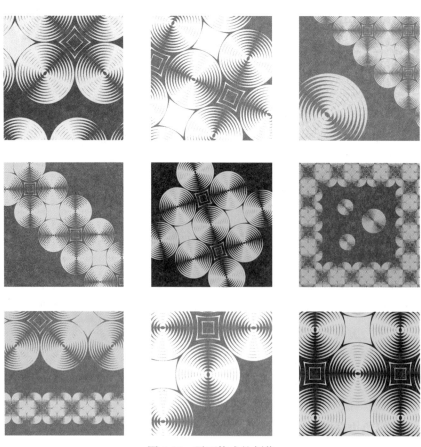

图 2-91　平面构成的创作

23.点击正方形，可填充任何颜色。作为平面构成练习，做好了主体元素后，可尝试移动位置、增加数量、改变大小和颜色，调整构图，创作出很多不同的设计图形，如图 2-91 所示。

2.2.2 平面构成创作

完成如图 2-92 所示的平面构成创作。

该图为对称图形，点面结合十分精美，制作时要注意定位的精准。

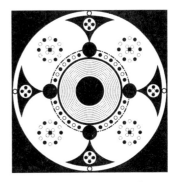

图 2-92 平面构成创作

1.点击椭圆形工具，按住 [Ctrl] 键，绘制 1 个圆 A，属性栏锁定等比，输入尺寸 8mm，填充黑色，去掉轮廓。

2.绘制 1 个圆 B，属性栏锁定等比，输入尺寸 8.8mm，无填充，轮廓为黑色，轮廓宽为 0.1mm。

3.选中圆 B，点击 "阴影工具组" 的 "轮廓图" 工具，属性栏选 "向外"，步长为 9mm，偏移为 0.45mm。形成一组轮廓图。点选这组轮廓图组，按 [Ctrl+K] 键 "拆分轮廓图群组"，再点击除圆 B 外的任一圆，按 [Ctrl+U] 键 "取消组合对象"，10 个圆被分离成单个的对象。选中最大的圆，属性栏锁定等比，修改尺寸 17.5mm，轮廓宽为 0.5mm，如图 2-93 所示。

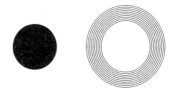

图 2-93 边框图形定位

4.点选任一圆，按住 [Shift] 键，鼠标移动到圆外右上角的小黑方块，点击向外扩展，单击右键，松左键，松开 [Shift] 键，1 个圆被复制。锁定等比，修改尺寸为 22mm，轮廓宽为 0.25mm，线型选最密的单点长画线，如图 2-94 所示。

5.绘制 1 个圆 C，属性栏锁定等比，输入尺寸为 4mm，填充黑色，去掉轮廓。点选圆 C 的中心，重合到虚线圆的象限放置。再画出 3 个圆 C，分别放置在虚线圆的其他 3 个交集、象限位置，如图 2-95 所示。

图 2-94 绘制虚线圆

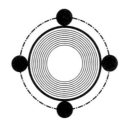

图 2-95 定位圆 C

图 2-96 绘制圆 D

6.选中分解后的同心圆组和单点长画线圆，按 [Shift+Ctrl+Q] 键转曲，将轮廓转换为对象，再按 [Ctrl+G] 键形成群组 1。

7.点击椭圆形工具，按住 [Ctrl] 键，绘制 1 个正圆 D，属性栏锁定等比，输入尺寸

20mm，无填充色，轮廓色为红色，轮廓宽 0.1mm。选中圆 D 的中心，将它与同心圆的中心对齐。该线条后期会隐藏轮廓线，如图 2-96 所示。

8. 选中圆 D，属性栏点选弧形 ◌，起始为 15°，结束为 75°，如图 2-97 所示。

9. 绘制 1 个圆 E，属性栏锁定等比，输入尺寸 1mm，填充黑色，去掉轮廓色。选中圆 E，将其移动到旁边，单击右键再松开左键，圆 E2 被复制。选中阴影工具组的调和工具，点击圆 E，再拖动连线到圆 E2，修改步长为 5，生成了一组调和图形 1。点击"属性栏 ↖→新路径"，将箭头移动到红弧形处单击，调和图形 1 就被吸附到红弧形上。移动起点和终点的圆 E，如图 2-98 所示定位。

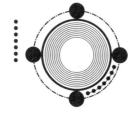

图 2-97　弧形定位　　图 2-98　调和图形与弧形定位　　图 2-99　调整

10. 选中调和图形 1，按 [Ctrl+K] 键，拆分路径上的群组，再按 [Ctrl+U] 键，7 个小圆被拆分为单个的图形。点选第 2 个小圆，属性栏锁定等比，修改尺寸为 0.9mm，无填充，轮廓为黑色，轮廓宽为 0.1mm，按 [Shift+Ctrl+U] 键，将轮廓转换为对象。同理修改圆 4 和 6。精确点击红色弧形改轮廓色为无色，如图 2-99 所示。

11. 选中这 7 个小圆，按 [Ctrl+G] 键，成为群组 2。填充它们为红色，若整体改变为红色，则正确，检验完毕仍然填充黑色。再单击群组 2，群组 2 的中心点出现，点住它的中心，放到同心圆的中心，重合后，松开鼠标。

12. 连击群组 2，把鼠标放到右下角，出现圆弧符号，点击并移动，会发现群组 1 围绕圆心旋转，到适当位置，单击右键，松开左键，复制了第二组群组 1。将属性栏中的旋转角度改为 90°。同理再旋转复制两组群组 1，将旋转角度分别改为 180° 和 270°，如图 2-100 所示。

13. 绘制 1 个正方形，属性栏锁定等比，尺寸为 1.1mm。用手绘工具，点击中心，再点击 1 个角，这条直线用于定位，轮廓色暂时为绿色，线宽为细线。

选中正方形，属性栏选择圆角 ◌，锁定等比，输入尺寸 0.4mm，如图 2-101 所示。

14. 画 1 个圆 F，尺寸为 0.9mm，无填充，轮廓为黑色，轮廓宽 0.1mm，按 [Shift+Ctrl+Q] 键将圆 F 的轮廓转换为对象。点击圆 F 最外侧的节点，使其与绿色直线的交集点重合，如图 2-102 所示。

15. 选中绿线和圆 F，按住 [Ctrl] 键，移动鼠标到左边中点外的黑色小方块上，点住向右移动，等水平翻转、等倍复制的虚线出现，单击右键，松开左键，松开 [Ctrl] 键。同理，完成另外两个圆 F 的复制。再删掉绿色直线段，如图 2-103 所示。

图 2-100　复制定位群组 1

图 2-101　圆形、方形和直线

图 2-102　圆 F 定位

图 2-103　圆 F 复制

图 2-104　填入路径

图 2-105　填入路径

16. 画两个圆，直径 1mm，填充黑色，无轮廓色。用调和工具点击这两个圆，画一组调和图形 2，步长为 10（图 2-104）。再画 1 个圆，直径 6mm，无填充色，轮廓为红色。在属性栏选弧形，结束角度改为 330°。将这组调和图形 2 填入红色弧形路径上。拖动起点和终点图形分别与红色弧形的起点和终点重合。选中调和图形 2，按 [Ctrl+K] 键拆分，再按 [Ctrl+U] 键取消群组。按住 [Shift] 键，点选间隔的小圆，改直径为 0.9mm，轮廓黑色，轮廓宽 0.1mm，按 [Shift+Ctrl+Q] 键，将轮廓转换为对象（图 2-105）。精确点击红色弧形，改轮廓色为无色。

17. 选中分解后的调和图形 2 和群组 3，按 [Ctrl+G] 键，形成群组 4。从尺寸栏分别拉出水平、垂直辅助线，通过单点长画线的圆心。选中群组 4 并复制 4 组，点住它们的中心使其与辅助线的交点重合，如图 2-106 所示。

18. 将圆 A 放入群组 1 的正中。选中圆 A，按住 [Shift] 键，拉动右上角外的黑色小方块向往扩张，单击右键，松开左键，松开 [Shift] 键，复制出 1 个同心圆 H，属性栏修改其直径为 40mm，填充白色，黑色轮廓 0.1，按 [Shift+PgDn] 键调到最下层。

图 2-106　群组 4 定位

19. 绘制 1 个椭圆，属性栏输入尺寸 17mm×14mm。点住椭圆左边的节点，与圆 C 的中心重合，显现出"象限"二字（图 2-107）。再绘制一个 17mm×14mm 的椭圆，点住右边节点，与圆的中心重合，显现"象限"二字。按住 [Shift] 键，点选这两个椭圆，按键盘的 [↑]

键 2 次。选智能填充工具，点击扇形部分，填充黑色，无轮廓（图 2-108）。删掉两个椭圆，如图 2-109 所示。

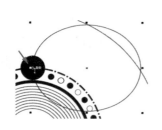

图 2-107　群组 3 定位

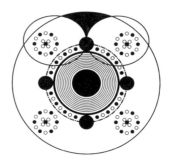

图 2-108　扇形填充

20. 画 1 个圆 J，直径为 3.5mm，白色，无轮廓。点击圆 T 的中心，重合放置在扇形的中心，按键盘的 [↑] 键 3 次。在扇形的正上方，绘制一个正圆 K，直径为 1.2mm，无填充，轮廓宽 0.2mm 黑色，然后按 [Shift+Ctrl+Q] 键，将轮廓转换为曲线对象。

21. 选中备用的群组 3，在属性栏修改旋转 45°，点其中心与圆 T 的中心重合，颜色如图 2-110 所示。选择扇形、小圆 K 和中间的图形，按 [Ctrl+G] 键组成群组 5。

22. 双击群组 5，它的中心出现，点住中心与圆 A 的中心重合。采用旋转复制的办法，分别按 90°、180°、270°，复制 3 组群组 5。

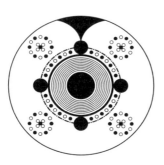

图 2-109　保留扇形图形

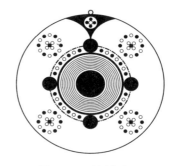

图 2-110　绘制群组 4

23. 绘制 1 个圆 L，填充白色，无轮廓，让其中心与圆 A 的中心重合，按 [Shift+PgDn] 键调到最下层。绘制 1 个正方形，与圆 A 中心对齐，填充黑色，无轮廓色，按 [Shift+PgDn] 键调到最下层。

24. 点选圆 H，无填充，去掉其轮廓色。图形完成后的效果如图 2-92 所示。

该案例多次利用中心旋转和群组填入路径等功能，进一步提高 CorelDRAW X7 的综合造型技巧。因其基本元素非常丰富，后期的创意变化也精彩纷呈，如图 2-111 所示。

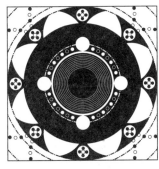 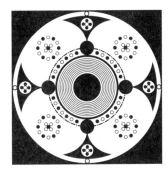 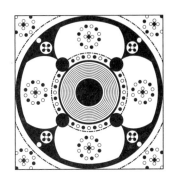

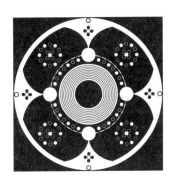 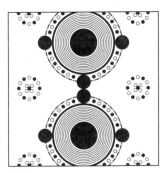 

图 2-111　平面构成的创作

2.2.3　色彩构成创作

完成如图 2-112 所示的色彩构成创作。

色彩构成的训练造型可略简单，着重在填色练习。新建一个文件，命名为"色彩构成"。

1. 画出 1 个圆 A，属性栏锁定等比，修改尺寸为 53mm。选中圆 A，点击▣出现编辑填充的对话框（图 2-113），圆 A 以渐变色的方式被填充，去掉轮廓色，如图 2-114 所示。

2. 画出 1 个圆 B，属性栏锁定等比，修改尺寸 35mm。选中圆 B，点击▣出现编辑填充的对话框（图 2-115），圆 B 以渐变色的方式被填充，去掉轮廓色（图 2-116）。注意，在红色

图 2-112　色彩构成创作

到白色的滑条上，双击鼠标左键，会出现一个指示标，可对这个新的指示标填充色彩，增加了渐变参与的颜色。

3.转曲前,圆可用于对齐的控制点有中心点和 4 个象限点。用鼠标沿着圆的轮廓走一圈,"象限点"和"边缘"会轮流出现,象限点只有 4 个。转曲后,象限点之间增加了 1 个中点,用鼠标沿原的轮廓走一圈会出现提示"中点"。将两个圆都按 [Ctrl+Q] 键转曲。

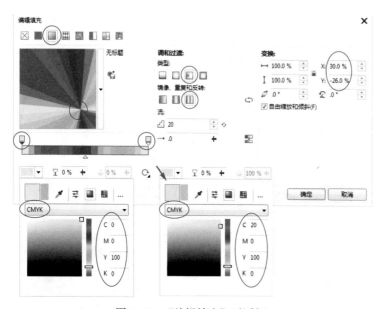

图 2-113　"编辑填充"对话框

图 2-114　填充圆 A

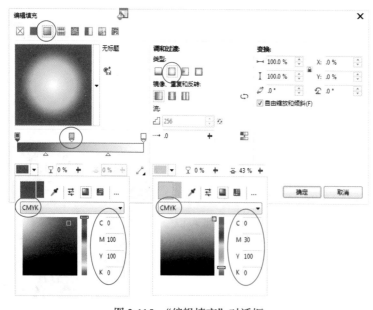

图 2-115　"编辑填充"对话框

图 2-116　填充圆 B

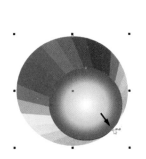

图 2-117 对齐   图 2-118 圆 C、D、E 对齐   图 2-119 选择"图框精确剪裁内部"

点击选取工具,点住圆 B 右下角的中点与圆 A 右下角的中点重合放置,如图 2-117 所示。

4. 选中圆 B,移至一侧,单击右键,松开左键。圆 C 被复制,属性栏锁定等比,修改尺寸为 28mm。同理,复制圆 D,尺寸为 22mm。复制圆 E,尺寸为 18mm,填充调色板上的红色。点住圆 C、圆 D、圆 E 右下角的中点与圆 A 的右下角中点对齐放置,如图 2-118 所示。

5. 绘制 1 个正方形,属性栏锁定等比,修改尺寸为 43mm。

全选 5 个圆,按 [Ctrl+G] 键群组 1。选中群组 1,右键拖动至正方形上面,松开右键,出现对话框(图 2-119),选"图框精确裁剪内部(I)",将群组 1 放入正方形中间。

6. 将鼠标移动到正方形下面,灰色的图标变成高亮。点击第 1 个图标,进入正方形编辑。

选中群组 1,点住最小的圆心,移动、对准到正方形右下角。点击蓝色边框下面的图标，退出编辑(图 2-120)。

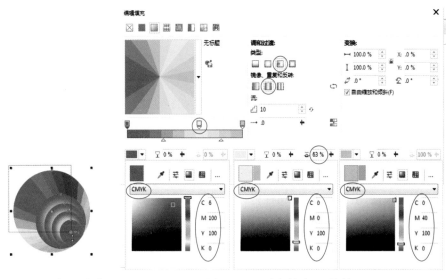

图 2-120 群组 1 定位   图 2-121 "编辑填充"对话框

7. 画 1 个圆 F，属性栏锁定等比，修改尺寸为 5mm。按 [F11] 键，出现"编辑填充"对话框（图 2-121），调整后得到图 2-122。

8. 选中圆 F，点击阴影工具，点住圆 F 的中心，外向偏移一小段距离，阴影被拉出，得到图 2-123。

9. 点击圆 F 的阴影部位，圆 F 及阴影被选中。若仅点圆，阴影不会被选中。将圆 F 和阴影移动到旁边，单击右键，松开左键，圆 F 和阴影被复制。再复制一组圆 F 和阴影，放置的位置如图 2-124 所示。

10. 选中文本工具，点击空白处，输入 SHE 三个大写字母，属性栏字体选 "Arial black"，字号为 40，颜色暂时填充黑色。按 [Ctrl+K] 键，将三个字母拆分，如图 2-125 所示。

 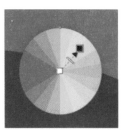  

图 2-122　填充圆 F　　　　图 2-123　圆 F 填充阴影　　　　图 2-124　定位　　　　图 2-125　字母定位

11. 选中字母 S，填充红色，按 [F12] 键，在轮廓对话框里调整轮廓宽度为 0.5mm，轮廓色为白色。点住 S 到一侧，单击右键，松开左键，字母 S 被复制。选中这个复制的字母 S，点透明度工具，按图 2-126 调整，得到图 2-127。

图 2-126　透明度属性栏

12. 选中字母 E，点击阴影工具，属性栏调整参数如图 2-128 所示，羽化方向为向外，羽化边缘为线性。选中阴影图形组，按 [Ctrl+K] 键，分解字母和阴影，将字母略微旋转后，去掉填充色；按 [F12] 键，在轮廓对话框里调整轮廓宽度为 0.1mm，白色，如图 2-129 所示。

13. 选中字母 H，点击阴影工具，属性栏调整参数如图 2-128 所示，羽化方向为向外，羽化边缘为线性。选中阴影图形组，按 [Ctrl+K] 键，分解字母和阴影，将阴影略微旋转，将字母 H 去掉填充色，按 [F12] 键，在轮廓对话框里调整轮廓宽度为 0.5mm，白色，如图 2-112 所示。

本案例主要练习颜色填充的方式和阴影运用的不同效果。

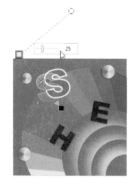

图 2-127　字母 S 效果

图 2-128　阴影属性栏

图 2-129　字母 E 效果

2.2.4　色彩构成创作

完成如图 2-130 所示的色彩构成创作。

1. 绘制 1 个正方形 A，属性栏锁定等比，修改尺寸为 45mm，旋转 45°。按 [F11] 键，调出编辑填充对话框，选中双色图样填充，按图 2-131 调整，得到图 2-132。因为该练习仅在屏幕上展示不用打印，所以可以采用 RGB 色彩模式，颜色更为鲜艳。

2. 绘制 1 个正方形 B，属性栏锁定等比，修改尺寸为 40mm，旋转 340°，按住其中心与正方形 A 重合放置。选中正方形 B，按 [Ctrl+PgDn] 键，将其向下移动一层。

图 2-130　色彩构成创作

暂时填充黑色。按 [Alt+F7] 键，调出"变换"泊坞窗，调整参数如图 2-133 所示，得到图 2-134。

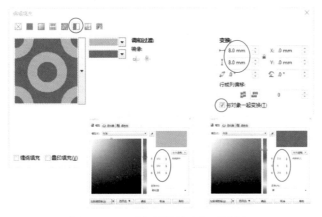

图 2-131　"双色图样填充"对话框

图 2-132　双色图样填充

3. 绘制 1 个正方形 C，属性栏锁定等比，修改尺寸为 40mm，旋转 6°，点击其中心与正方形 A 重合放置。按 [F11] 键，调出"编辑填充"对话框，均匀填充 C40M40Y0K20。按 [Alt+F7] 键调出"变换"泊坞窗，调整参数如图 2-135 所示。选中正方形 C，点击透明度工具，选择

图 2-133 "变换"泊坞窗

图 2-134 正方形 B 定位

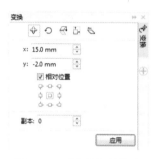

图 2-135 "变换"泊坞窗

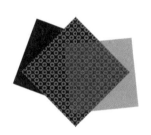

图 2-136 正方形 C 定位

均匀透明度（图 2-137），得到图 2-136。

4. 绘制 1 个正方形 D，属性栏锁定等比，修改尺寸为 38mm，旋转 354°，按住其中心与正方形 A 重合放置。按 [F11] 键调出"编辑填充"对话框，均匀填充 C0M100Y0K0。按 [Alt+F7] 键调出"变换"泊坞窗，调整参数如图 2-138 所示，选中正方形 C，点击透明度工具，选择均匀透明度（图 2-137），得到图 2-139。

图 2-137 透明度属性栏

图 2-138 "变换"泊坞窗

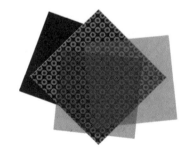

图 2-139 正方形 C 定位

5. 在多边形工具组，选择星形工具，按住 [Ctrl] 键，画出 1 个等边多边形 A。调整属性栏参数 ✩ 10 ⟡ 14 ⟡ 1.0 mm · 。选中多边形，左键点击调色板的白色填充白色，右键点击白色使轮廓为白色。按住其中心与正方形 A 重合放置。按 [Alt+F7] 键调出"变换"泊坞窗，调整参数如图 2-140 所示。

图 2-140　"变换"泊坞窗

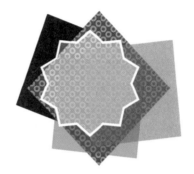

图 2-141　多边形 A 定位

选中多边形 A，按 [Ctrl+Shift+Q] 键将轮廓转换为对象。点击中间的多边形图形，点击透明度工具，选择均匀透明度（图 2-137），得到图 2-141。

6. 选中多边形 A，按住 [Shift] 键，将鼠标移动到右上角，点住小黑方块向内拉动，单击右键，松开左键，多边形 B 被复制。属性栏锁定等比，修改长度尺寸为 36mm。

同理，复制 1 个多边形 C，修改长度尺寸为 30mm。选中多边形 C，点击透明度工具，点属性栏的第 1 个图标 ⊠ 去掉透明度（图 2-142）。

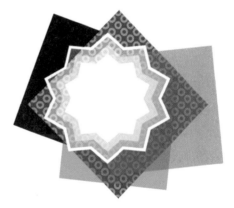

图 2-142　多边形 B、C 定位

7. 选中手绘工具组的艺术笔工具，按图 2-143 调整后，在屏幕上画一条横线。该横线被填充为酒杯图案，如图 2-144 所示。

图 2-143　艺术笔工具属性栏

图 2-144　绘制艺术笔图形

为了熟悉工具，可试试调整不同的选项和参数，看看会有什么变化。点选 🔲 可让图形发生宽窄形变。

如果发现线性上的杯子太多或太少，说明线条画的太长或太短了。选中酒杯图案，将鼠标移至右边中间，点住小黑方块拖动，只让 5 个不同的杯子出现。注：此操作不要点选 🔲。

8. 将 5 个杯子的图案放到多边形 C 的中间。

9. 随意画 4 个小圆，填充白色，放置在合适的位置。

10. 选中颜色滴管工具 ✍，将吸管放到深红色的酒杯上采样，再把鼠标移动至黑色正方形上，鼠标变为调色桶图标，单击鼠标，深红色就被填充到黑色正方形上了。

储存文件，如图 2-130 所示。

课后思考与练习

设计 4 张构成作品。

2.3　装帧设计

排版设计也称版面编排。即在有限的版面空间里，将版面构成要素——文字字体、图片图形、线条线框和颜色色块，根据特定内容的需要进行合理组合排列，并运用美学法则，把构思与计划以视觉形式表达出来，取得画面的协调，传达信息，形成美感。排版是用艺术手段来正确地传达版面信息，是一种直觉性、创造性的活动。

书籍封面设计、书籍内页设计、宣传册页设计、广告招贴都会用到排版设计。变化与统一在排版里尤其重要，多种构成要素形成丰富的变化，若不加以统一则会杂乱无序。比例和节奏也是形成画面整体美感的重要法则。

CorelDRAW X7 具有强大的编辑排版功能，尤其是对图文的自由编排能力。排版设计是综合性较高的练习，既要求对工具的熟练运用，也要养成设计中的整体性、规范性和秩序感。各种元素间的"安全距离"足够才能让各种元素舒展协调。

2.3.1　书籍封面设计

完成如图 2-145 所示的书籍封面设计。

1. 本书为 B5 版面。绘制 2 个长方形，属性栏修改尺寸为 182mm×257mm；绘制 1 个书脊尺寸为 13mm×257mm；绘制前勒口和后勒口，尺寸为 65mm×257mm。按图 2-146 排列好，注意节点与节点紧密重合，不能出现误差。全选 5 个长方形，总尺寸为 508mm×257mm，印刷时称为版心。为了印刷切割需要，还需要制作一个放大的长方形，四边各增加 3mm 供裁切书本的师傅"出血"。

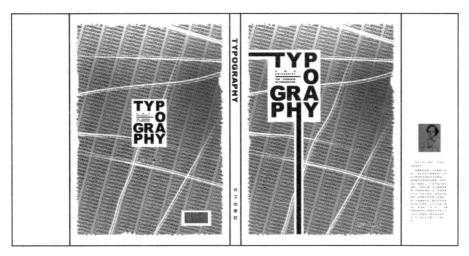

图 2-145　书籍封面设计

　　5 个长方形的轮廓红线仅在制作时保留，定稿后必须取消其轮廓色。大的长方形用于拼版，**轮廓色可以保留**。另外要在大长方形的外面制作切割线。

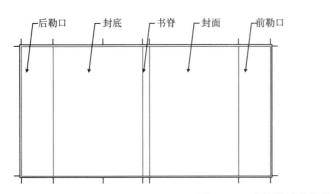

图 2-146　书籍设计的构造

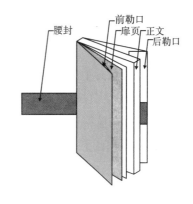

　　为了论述简化，本书后面论述仅示意版心的设计。新建一个文件，命名为"书籍封面"。

　　2. 在封面内绘制一个长方形 A，尺寸为 155mm×220mm。选中长方形 A，按住 [Shift] 键点击封面，按 C（居中对齐）、E（垂直对齐）键。暂时给长方形 A 填充任一彩色，点击☒去掉其轮廓色。

　　3. 选中长方形 A，点击形状工具组的"涂抹"工具▣，属性栏调整参数如图 2-147，将鼠标移至长方形 A 的边缘，间或的拖动边缘，大致形成图 2-148。

　　4. 点击形状工具组的"粗糙"工具▣，调整属性栏参数（图 2-149），将鼠标移至长方形 A 的边缘，沿着边缘点击鼠标，或点一下即放开，或点着拖动一段再放开，边缘产生了锯齿的变化，大致形成图 2-150。粗糙后的边缘，可以再次粗糙，但是要注意不要出现形状透叠的现象。如果出现透叠现象，或者对形状不太满意，可以用形状工具，直接拖动、删除节点。

5. 点击文本工具，在空白处拖出一个文本框，在属性栏修改尺寸为 281mm×345mm，字体为 Arial,字号选 10 号,输入 "coreldraw"。用鼠标抹蓝首字母 c,按 [Shift+F3] 键调出 "变更大小写对话框" 并选 "大写";用鼠标抹蓝 draw,按 [Shift+F3] 键调出 "变更大小写对话框" 并选 "大写"，文字变为 CorelDRAW。

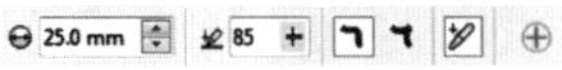

图 2-147　涂抹工具的属性栏 　　　　图 2-149　粗糙工具的属性栏

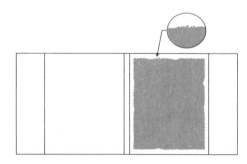

图 2-148　涂抹长方形 A　　　　图 2-150　粗糙长方形 A

6. 在字母 W 后面按 3 次键盘的空格键。用鼠标抹蓝 CorelDRAW 和空白处，按 [Ctrl+C] 键（拷贝），鼠标在蓝色结束后的空白处点击，出现 "|" 时，按 [Ctrl+V] 键（粘贴），CorelDRAW 和空白被复制。连续按 [Ctrl+V] 键（粘贴）11 次，如图 2-151 所示。

7. 将鼠标抹蓝第一行最后的三个空白间距（图 2-152），用键盘上的 [Del] 键删除。

8. 用鼠标抹蓝第一排从首字母 C 到末字母 W，按 [Ctrl+C] 键（拷贝），在末字母 W 后按键盘上的 [Enter] 键，让文本符号 "|" 移动到第二排开头，按 [Ctrl+V] 键（粘贴），第二行字母被准确对位复制出来。同理，将文本符号 "|" 移动到第三排开头，按 [Ctrl+V] 键（粘贴），第三行被准确对位复制出来。

反复拷贝和粘贴，如图 2-153 所示。

图 2-151　在文本工具框输入一排字母

图 2-152　删除最后的三个空白间距　　　　图 2-153　粘贴满整个文本框

9. 选中文本框，右键点击文本框的中心，拖动到长方形 A 的正中，松开右键，出现对话框，选择"图框精确裁剪内部（i）"，文本框被放置到长方形 A 中。

10. 按住 [Ctrl] 键点击长方形 A，也可以点击长方形 A 下面第 1 个图标 ▣ "编辑 PowerClip"进入其中编辑。选中文本框，属性栏旋转角度为 345°，如图 2-154 所示。

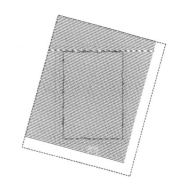

图 2-154　选中文本框

11. 画一个长方形 B，在属性栏修改尺寸为 240mm×270mm。选中长方形 B，鼠标点击交互式填充工具组的网状填充工具（M）（或直接按 M），为长方形 B 添加了一个网状填充。修改属性栏，得到图 2-155。

12. 用形状工具，点击节点，再点调色盘上的颜色，逐个填充颜色，如图 2-156 所示。填完后，按 [Shift+PgDn] 键，把长方形放置到最下层。

13. 选中手绘工具组的 ➘ "艺术笔工具"，调整属性如图 2-157 所示，在图上随意画几笔，几个笔触宽度可以略有调整。画好后，填充这些笔触为白色，如图 2-158 所示。

完成以上操作后，按住 [Ctrl] 键点击空白地方，退出长方形 A，底图完成，如图 2-159 所示。

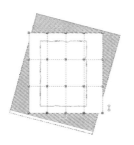

图 2-155　为长方形 B 加网状填充

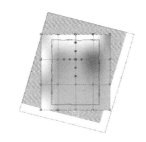

图 2-156　逐个填色

图 2-157　艺术笔工具的属性栏

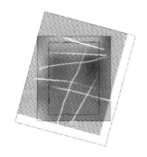

图 2-158　绘制艺术笔触

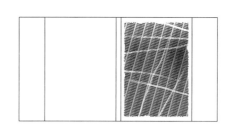

图 2-159　完成底图

14. 绘制一个长方形 C，在属性栏修改尺寸为 60mm×80mm，填充白色，取消轮廓色。拖住长方形 C 左上角的节点，与长方形 A 左上角的节点重合放置。按 [Alt+F7] 键调出"变换"泊坞窗。选中长方形 C，按图 2-160 调整参数，点击"应用"。

15. 选中文本工具，在其他空白处，输入美术字：TYPOGRAPHY，字母大写。按 [Enter] 键调整为四行，属性栏修改字体为"Arial Black"，字号为 65。选中它们，按 [Ctrl+K] 键拆分为四行。选中第一行，按 [Ctrl+K] 键拆分为 3 个单独的字母。同理操作第三和第四行。所有的字母都是单独的。

选择所有字母，按 [Ctrl+Q] 键转曲。框选 PGP，按 C 居中对齐。框选 YRH，按 C 居中对齐。框选 POAY，按 C 居中对齐。将 10 个字母全选，按属性栏的 🔲 合并为一个单一对象，字母组合 1，如图 2-161 所示。

16. 在字母 O 前面的空白处，输入大写字母：UWN UNIVERSITY THE STRENGTH OF TIMEWASTING，按 [Enter] 键调整为四排，点击属性栏的 ▤，"强制调整"首尾对齐。绘制一个长方形 D，填充黑色，去掉轮廓色。选中小字母和横条，按 [Ctrl+G] 键，成为群组 1，如图 2-162 所示。

图 2-160　"变换"泊坞窗

图 2-161　输入文字

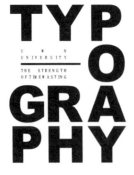

图 2-162　输入小文字

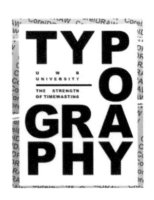

图 2-163　全选字母放置到长方形 C 的正中

全选字母组合 1 和群组 1，点住它们的中心，放置到长方形 C 的正中，如图 2-163 所示。

17. 全选字母组合 1、群组 1 和长方形 C，将它们移至封底水平居中、适当位置，单击右键，松开左键，它们被复制。属性栏锁定等比，修改长度为 40mm。复制封面的底图到封底适当位置，按 [Shift+PgDn] 键放置在最下层，如图 2-164 所示。

18. 在不解散字母组合 1 的情况下，要单独编辑字母 T，可先选中字母组合 1，按住 [Ctrl] 键点击字母 T，字母 T 外面出现 9 个小黑圆，表示它被选中，可以编辑（图 2-165）。点形状工具，框选最左边的两个节点，按住 [Ctrl] 键，将它们强制水平拉长，大概结束于底图的左侧边缘。同理，操作字母 H，将右侧的竖线拉到底图的下侧边缘，如图 2-166 所示。

19. 画两个白色的长方形，按 [Shift+PgDn] 键放置在字母的下一层及刚才延伸的横和竖的位置。长方形的宽度是 11，让黑色的笔画居中。使它们与长方形 C 节点重合，无缝衔接。选中 3 个长方形，按属性栏的 🔲 合并为一个单一的对象，如图 2-167 所示。

20. 选中文本工具，在空白处输入"长江出版社"，字体为黑体，字号为 10，用形状工具拉开间距。按 [F12] 键调出轮廓对话框，轮廓线为白色，线宽为 0.9mm，选"填充之后（B）"（图 2-168）。将文字放置在右下角适当的位置，封面完成，如图 2-169 所示。

21. 按属性栏 🔳 或 [Ctrl+I] 键导入一张作者的照片，放置在前勒口的适当位置。选中文本工具，在空白处拉出文本框，输入作者简介，字号为 7，字体为宋体，填充黑色。内文文字通常都不加轮廓。

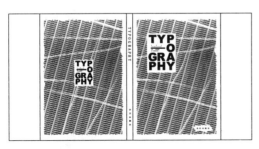

图 2-164　编辑封底

图 2-165　选中字母组合中的 T

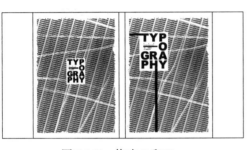

图 2-166　修改 T 和 H

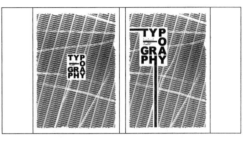

图 2-167　加白色垫底

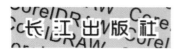

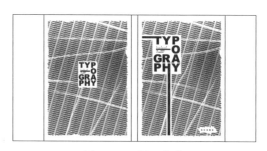

图 2-168　具部放大图

图 2-169　封面完成

22. 输入大写字母 TYPOGRAPHY，属性栏点▥调整为竖式，字体为 "Arial Black"，字号为 24，放置在书脊的适当位置。输入 "长江出版社"，字体为宋体，字号为 12，调整为竖式，放置在书脊的适当位置。

23. 点击 "编辑（E）→ 插入条码（B）"，在封底绘制一个模拟的条形码。复制封面的 "长江出版社" 到封底的适当位置。

24. 后勒口通常放置书本出版方面的信息。注意排版时，文字行距要大于文字间距，视觉效果比较清晰，如图 2-145 所示。

书籍封面设计完成各个版面后，可以将封面和书脊各自群组，分别添加直线型封套工具，拼贴出想要的透视角度；画长方形作为书的厚度。适当增加背景和倒影（用透明度工具），一副效果图就完成了（图 2-170）。

图 2-170　书籍设计效果图

2.3.2　册页设计

完成如图 2-171 所示的册页设计。

图 2-171　册页设计

1. 该版面为两个 A4 页面。新建一个文件，命名为"册页设计"。绘制两个长方形 A 并列放置，在属性栏修改尺寸为 210mm×297mm，填充白色，轮廓暂为黑色，线宽默认。

2. 将鼠标移动到竖向标尺栏,点住拖出一条辅助线,放置在长方形 A 的正中,为 0 号辅助线。

3. 将鼠标移到上方的标尺栏，点住拖出一条水平辅助线，松开鼠标，辅助线为红色虚线；点击辅助线，会出现一个中心标识--⊙--和两端的旋转标识 ⌜↕⌝。在属性栏修改旋转角度为 45°↻45.0 。

4. 点住倾斜的辅助线，移动到其他地方，单击右键，松开左键，辅助线被复制。同理,再复制 10 条辅助线，如图 2-172 所示，放置到适当的位置。

涉及较多对象的编辑时，通常都会引出辅助线来规整版面。为防止辅助线移动，可选中辅助线后，点击右键，选"锁定对象"，将辅助线固定。

5. 画一个长方形 B，按 [Ctrl+Q] 键转曲，此时曲线长方形保留 4 个节点。用形状工具删掉 1 个节点，将其

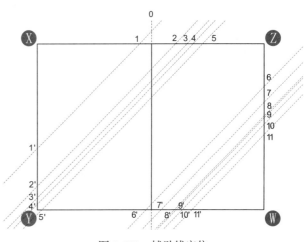

图 2-172　辅助线定位

他节点拖动，分别与 1、1′和 X 角重合，形成三角形 1。同理画出 11 号辅助线和 W 角之间的三角形 2，如图 2-173 所示。填充红色便于观察，去掉轮廓线。

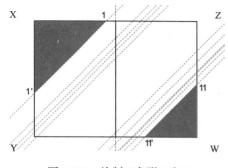

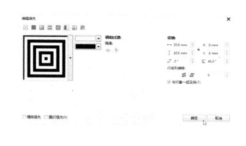

图 2-173　绘制三角形 1 和 2　　　　　　　　　图 2-174　"编辑填充"对话框

6. 在空白处画一个 20mm×20mm 的正方形 C，去掉轮廓色，按 [F11] 键调出"编辑填充"对话框，按图 2-174 调整参数。画一个直径 1.3mm 的小圆，填充橘色，去掉轮廓色，放置在正方形 C 的正中，如图 2-175 所示。

图 2-175　制作填充图样　　　　　图 2-176　创建命令　　　　　图 2-177　"创建图案"对话框

图 2-178　选择图案　　　　图 2-179　"转换为位图"对话框　　　图 2-180　"保存图样"对话框

7. 点击工具菜单，在弹出的下拉菜单里选"创建（I）→ 图样填充（P）"（图 2-176），弹出"创建图案"对话框，选位图（图 2-177）。框选正方形的左上节点到右下节点（图 2-178），点"接受"，出现"转换为位图"对话框，调整参数（图 2-179）。弹出"保存图样"对话框，在"名称"的框里输入 123，点 OK，带橘色点的正方形被保存为位图，如图 2-180 所示。

8. 选中三角形 A，按 [F11] 键调出"编辑填充"对话框，选位图，图样 123 将自动匹配，调整参数，如图 2-181 所示。三角形 A 被填充，如图 2-182 所示。

选中三角形 A，点击右键拖到三角形 B 上松开右键，弹出对话框，选"复制所有属性"，三角形 A 的填充被复制到三角形 B 内。

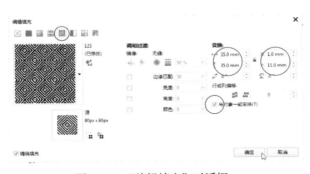

图 2-181　"编辑填充"对话框

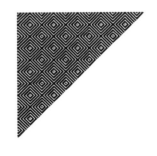

图 2-182　填充三角形 A

9. 观察三角形 B 内的填充，位置不合适，还需调整。选中三角形 B，点编辑填充工具，弹出对话框，调整参数（图 2-183）。三角形 B 被填充（图 2-184），右键点击它，选择"锁定对象"。将三角形 A 也锁定，避免后期挪动。

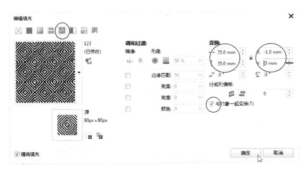

图 2-183　"编辑填充"对话框

图 2-184　三角形 B 被填充

10. 绘制 1 个长方形 D，按 [Ctrl+Q] 键转曲，用形状工具将 4 个节点拖动使其与辅助线 1 和辅助线 2 之间的梯形 1 吻合，填充 10% 黑色，去掉轮廓线。选中梯形 1，点阴影工具，调整属性栏参数，羽化方向选"中间"，羽化边缘选"线性"，颜色为 K100（图 2-185），为梯形 1 拉出阴影，如图 2-186 所示。

图 2-185　阴影属性栏

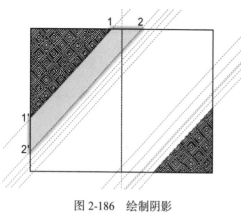

图 2-186　绘制阴影

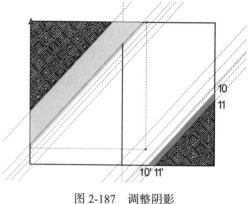

图 2-187　调整阴影

11. 选中阴影组，按 [Ctrl+K] 键，将梯形 1 和阴影分离。选中阴影，按 [Ctrl+Q] 键转曲，用形状工具调整节点使其与长方形 A 吻合，如图 2-187 所示。

12. 绘制 11 号辅助线和 10 号辅助线之间的梯形 2，填充橘色，去掉轮廓线。用同样的参数绘制阴影、分离阴影。调整橘色梯形的阴影时可去掉一个节点，如图 2-187 所示。

增加了阴影后，两个梯形有了层次感。

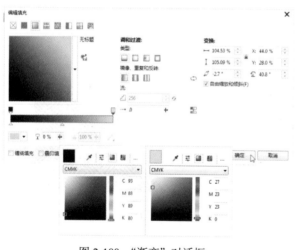

图 2-188　"渐变"对话框

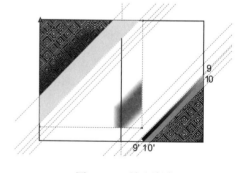

图 2-189　填充渐变

13. 绘制 9 号辅助线和 10 号辅助线之间的梯形 3，去掉轮廓色，按 [F11] 键调出"编辑填充"对话框，调整参数（图 2-188），得到图 2-189。

14. 绘制 3、Z、8、8′、Y、3′之间的多边形 E，填充 70% 黑，去掉轮廓色，如图 2-190 所示。

15. 绘制 4、Z、7、7′、Y、4′之间的多边形 F，去掉轮廓色，按 [F11] 键调出"编辑填充"对话框，调整参数（图 2-191），得到图 2-192。

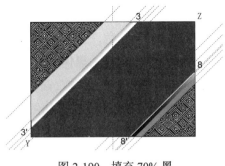

图 2-190　填充 70% 黑

图 2-192　填充渐变

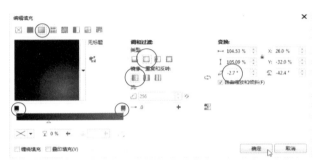

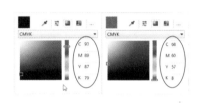

图 2-191　"编辑填充"对话框

16. 选中多边形 F，点击阴影工具，调整参数，羽化方形为向外，羽化边缘为线性（图 2-193），从中间拉出阴影，如图 2-194 所示。

图 2-193　阴影属性栏

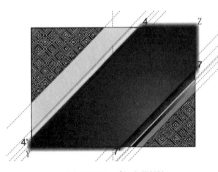

图 2-194　拉出阴影

图 2-195　调整阴影

选中阴影组，按 [Ctrl+K] 键分离。选中阴影，按 [Ctrl+Q] 键转曲，用形状工具调整节点，如图 2-195 所示。

17. 在 5 号辅助线和 6 号辅助线之间画 1 个长方形 G，按 [Ctrl+Q] 键转曲，用形状工具调整节点，如图 2-199。这个图形将要填充文字，为方便观察填充红色，去掉轮廓色。

18. 点击文本工具，在空白处拉出段落文本框，输入大段文字，字体为黑体，字号为 9 号，颜色为黑色。用鼠标抹蓝前两个字，字号改为 30。按 [Ctrl+T] 键调出文本对话框，调整参数（图 2-196）。在图文框的"栏设置"（图 2-197）里可调整栏间距离为 10mm，得到如图 2-198 所示文本框。

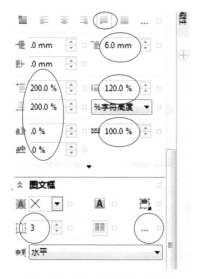

图 2-196 "文本属性"对话框

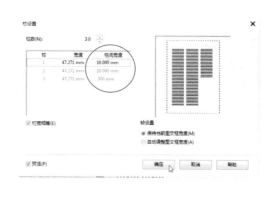

图 2-197 "栏设置"对话框

图 2-198 3 栏文本框

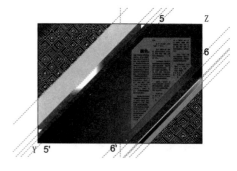

图 2-199 将文本置入红色多边形

19. 右键点住文本放到红色多边形上，松开右键，选"内置文本框"，文本框被放置到红色多边形内，如图 2-199 所示。

20. 按住 [Ctrl] 键精确点击文本，内部的文本框被选中，左键点击调色板的白色，把文字填充为白色。精确点击红色多边形的边缘，去掉填充的红色。

21. 绘制一个长方形 H，填充白色，去掉轮廓色。按 [Ctrl+Q] 键转曲，依据图形正中的辅助线，调整节点，如图 2-200 所示。按 [F11] 键调整参数，填充双色图案，如图 2-201 所示。

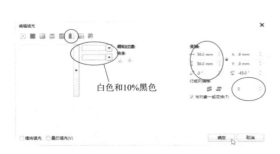

图 2-200 "编缉填充"对话框

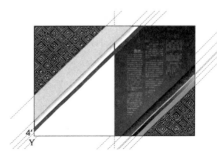

图 2-201 填充双色图案

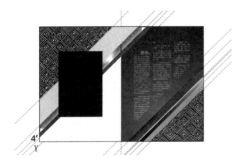

图 2-202 绘制黑色长方形

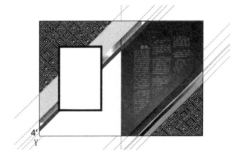

图 2-203 绘制白色长方形

22. 在空白处绘制一个长方形 J，在属性栏修改尺寸为 126mm×180mm，按 [F11] 键选均匀填充 C30M30Y30K100。选中它的中心使其与左边的 A4 版面的中心重合，如图 2-202 所示。

23. 绘制一个长方形 L，属性栏修改尺寸为 114mm×168mm，填充白色，去掉轮廓色，如图 2-203 所示。

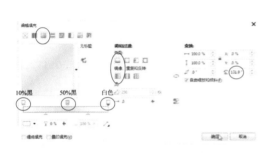

图 2-204 "编辑填充"对话框

图 2-205 填充渐变

点击 [F11] 键调出"编辑填充"对话框,选渐变填充,调整参数(图 2-204),得到图 2-205。

24. 绘制 1 个长方形 K,属性栏解锁等比,修改尺寸为 105mm×159mm,填充橘色,去掉轮廓色。点击"位图(B)菜单→转换为位图";点击"位图(B)菜单→ 三维效果(3)→卷页(A)",调整对话框参数(图 2-206),得到图 2-207。

25. 输入大写英文字母 CHQ,字体为"Arial Black",字号为 120 号。用 [Enter] 键调整为三排,用形状工具拖动行距。按 [F12] 键调出"轮廓笔"对话框,调整参数(图 2-208),颜色为"C30M30Y30K100",得到图 2-209。

图 2-206 "卷页"对话框

图 2-207 卷页效果

图 2-208 "轮廓笔"对话框

图 2-209 文字镂空

26. 选中文字 CHQ,点击阴影工具组,调整属性栏参数(图 2-210),羽化方形为向外,羽化边缘为线性,颜色为白色,得到图 2-211。

27. 搜索玫瑰花图片一张,底色为单一色块,有花有叶。选中图片按 [Ctrl+C] 键(拷贝),在工作窗口按 [Ctrl+V] 键(粘贴)。将其放置到橘色图形右下角,可以观察到该图为长方形,底色为白色,如图 2-212 所示。

28. 点击"位图"菜单，在下拉菜单里选"位图颜色遮罩（M）"（图 2-213），勾选第一个方块后用吸管点玫瑰图片的背景部分，该色被去掉；若有多个背景色，则依次勾选下面的方块后用吸管点相应的颜色多次，调整容限系数，直到效果满意为止，如图 2-214 所示。

图 2-210　阴影属性栏

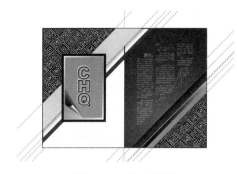

图 2-211　文字阴影

图 2-212　玫瑰图片练习

图 2-213　"位图颜色遮罩"泊坞窗

图 2-214　遮罩去底的效果

29. 选中已经去底色的玫瑰移动到其他空白地方，点击右键，松开左键，复制一张玫瑰。用形状工具增加节点，按标志案例绘制海豚图案的办法，仔细编辑节点和线段，把玫瑰花全部勾勒出来，连叶子也去掉。这种方法相对于遮罩去底的办法，虽速度较慢，但是处理的图很精致，抠图很干净，如图 2-215 所示。

30. 选中抠图后的玫瑰，选"效果菜单→调整→替换颜色（R）"，在"替换颜色"对话框里，用"原颜色"的吸管点玫瑰的红色，在"新建颜色"的下拉框里选橘色,让玫瑰由红色变为橘色。也可以任意调整参数，观察色彩变化，如图 2-216、图 2-217 所示。

31. 选中原来的玫瑰,选"效果菜单→调整→色度 / 饱和度 / 亮度",调整参数(图 2-218), 去掉饱和度变为黑白并略为调亮,如图 2-219 所示。

"调整"的其他命令、用法、效果与 Photoshop 一致。

32. 将橘色玫瑰放到黑白玫瑰之上,按键盘的方向键仔细重合边缘,本案例完成。

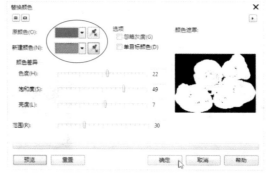

图 2-215　形状工具去底　　　　图 2-216　"替换颜色"对话框　　　　图 2-217　替换颜色后的
　　　　　的效果　　　　　　　　　　　　　　　　　　　　　　　　　　　　效果

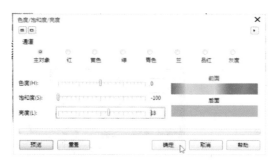

图 2-218　"色度 / 饱和度 / 亮度"对话框　　　　图 2-219　去掉饱和度后的效果

课后思考与练习

收集资料,临摹 4 个不同类型的排版设计。

2.4　包装效果图设计

平面设计通常是在二维空间里的创作,作品的应用可能会涉及三维的应用领域,比如包装设计、导视系统设计。由二维设计完善到三维应用,效果图的添加让设计效果展示变得更加丰满,便于客户了解作品最后的实施效果。构造并不复杂的立体应用,完全可以用 CorelDRAW X7 软件模拟立体效果。

用 CorelDRAW X7 制作效果图，需要注意以下方面：

1. 对透视法则有一定的掌握，做到近大远小、强化明暗交界、画面的灭点一致。透视法则是效果图存在的基础，由于是手动实现而非软件计算实现，所以，制作过程中要慢慢修饰到合适的角度。

2. 适当搭配材质，真实体现包装的材质感：塑料、金属、玻璃、纸张、镜子，表现材质的关键在于模拟表面肌理，真实反映其反光强弱。一般来说，渐变色、位图的填充比均匀填充更有肌理感，而高光和反光都需要另行添加，需要适当的强化。

3. 适当模拟光影效果，真实的光平淡无奇，戏剧化的光更能突出焦点；有光必有影，影子增加画面的层次感。例如最简单常用的水平倒影，一旦加入就能让效果栩栩如生。

4. 适当增加配景，会大大增强画面的真实感。

2.4.1　单体瓶子的效果图

第一种瓶体的绘制：

1. 新建一个文件，命名为"瓶效果"。绘制一个长方形 A，在属性栏修改尺寸 12mm×15mm，去掉轮廓色，按 [F11] 键调出"编辑填充"对话框，按图 2-220 调整参数。双击色条，可增加控制色标；双击控制色标，可取消该色标。按住 [Ctrl] 键点击不同的色标，可同时选中它们进行调色。不同的材质相邻色彩距离远近不同，金属极色变化很快，因此深浅色之间例如 4、5 号很近。拖动色标到适当位置，得到图 2-221。

2. 绘制一个长方形 B，在属性栏修改尺寸为 3mm×15mm，填充白色，去掉轮廓色，点击透明度工具，按图 2-222 拉出透明度，这是瓶盖的高光。拉时可按住 [Ctrl] 键，强制拉出水平线方向的渐变。

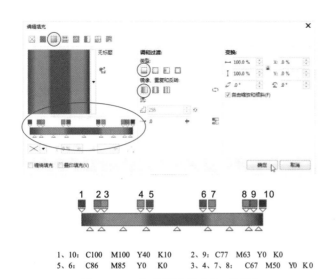

图 2-221　绘制瓶盖

1、10：C100 M100 Y40 K10　　2、9：C77 M63 Y0 K0
5、6：C86 M85 Y0 K0　　3、4、7、8：C67 M50 Y0 K0

图 2-220　"瓶盖渐变填充"对话框　　　图 2-222　绘制瓶盖

3. 绘制一个长方形 C，在属性栏修改尺寸为 9mm×1.5mm，将它放置在瓶盖下方正中，按 [F11] 键调出"编辑填充"对话框，选渐变，按图 2-223 调整参数，得到图 2-224。

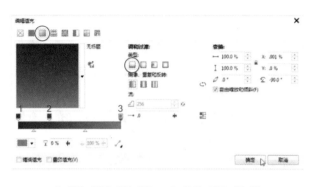

1：C100 M100 Y40 K30   2：C100 M100 Y0 K0
3：C60 M60 Y0 K0

图 2-223　"渐变"对话框

图 2-224　绘制瓶口

4. 绘制一个长方形 D，在属性栏修改尺寸为 16mm×5.1mm，圆角参数 ⌐∩∩ 2.55 mm / 2.55 mm ⊢ 2.55 mm / 2.55 mm，去掉轮廓色，按 [F11] 键调出"编辑填充"对话框，选渐变，调整参数（图 2-225），得到图 2-226。

5. 绘制一个长方形 E，在属性栏修改尺寸为 9mm×1.3mm，圆角参数 ⌐∩∩ .65 mm / .65 mm ⊢ .65 mm / .65 mm，去掉轮廓色，填充 C97M43，放置在长方形 D 正中略高的地方，如图 2-227 所示。

6. 点击阴影工具组的调和工具，从长方形 D 到长方形 E 拉出调和，步长为 20，如图 2-228 所示。

7. 绘制一个长方形 F，在属性栏修改尺寸为 4.2mm×1.3mm，圆角参数为 ⌐∩∩ .5 mm / .5 mm ⊢ .5 mm / .5 mm，去掉轮廓色，点击透明度工具，按图 2-229 拉出透明度。复制长方形 F，去掉透明度，填充 C100M100，按 [Ctrl+PgDn] 键调到下一层。再次复制长方形 F。3 个小长方形按图 2-229 排列，为椭圆形瓶体的高光部分。

8. 选中瓶盖和高光（长方形 A 和长方形 B），拖到下方，点击右键，松开左键，复制 1

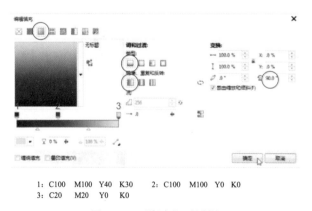

1：C100 M100 Y40 K30   2：C100 M100 Y0 K0
3：C20 M20 Y0 K0

图 2-225　"渐变"对话框

图 2-226　绘制长方形 D

图 2-227　绘制长方形 E

图 2-228　调和长方形 D 和长方形 E

个长方形 G。在属性栏解锁等比，修改尺寸为 18mm×5mm，如图 2-230 所示。

9. 绘制一个长方形 H，在属性栏修改尺寸为 18mm×42mm，去掉轮廓色，按 [F11] 键调出"编辑填充"对话框，选渐变，调整参数，如图 2-231 所示。

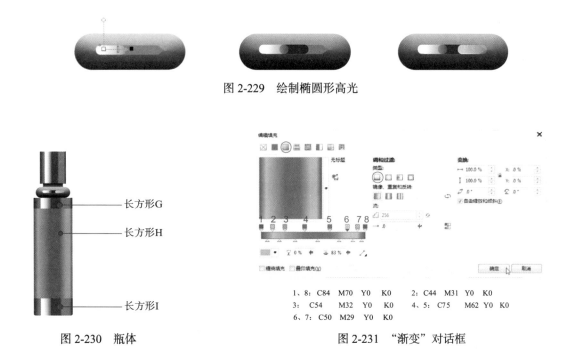

图 2-229　绘制椭圆形高光

图 2-230　瓶体

图 2-231　"渐变"对话框

10. 选长方形 G 和高光，拖到最下方，点击右键，松开左键，复制 1 个长方形 I 和高光。在属性栏解锁等比，修改长方形 I 尺寸为 18mm×8mm。点矩形工具，选圆角，解锁，参数为　，瓶体完成，如图 2-230 所示。

11. 画一个长方形 J，与长方形 I 的下部局部重叠。按住 [Shift] 键，点长方形 J 和长方形 I，两者同时被选中，点属性栏 交集，产生一个新的长方形 K，填充 C50M50Y20K100，去掉轮廓色。删掉长方形 J。选中长方形 K，点透明度工具，拉出透明（图 2-232）。

图 2-232　长方形 K 拉出透明度

12. 搜索花纹位图，拷贝到工作窗口，如图 2-233 所示。

13. 选中花纹位图，点属性栏 描摹位图(T) →轮廓描摹（O）→高质量图像（H），将位图转换为矢量图，如图 2-234 所示。

CorelDRAW X7 描摹位图的 7 种描摹方式为：

（1）快速描摹：单击此命令后，CorelDRAW X7 会快速的把当前位图图形转换为矢量图形，从而快速地进行路径和节点的编辑。

（2）线条图：以线条图的形式来转换图形。单击此命令后，系统会自动进行运算。单击确定，即转换成功。

（3）徽标：以徽标的形式转换图形，其属性与线框图一样。

（4）详细徽标：比徽标描绘更详细，属性设置同上。

（5）剪贴画：以剪贴画的形式转换图形。

（6）低质量图像：因转换出来的图像效果比较差，此命令不推荐使用。

（7）高质量图像：推荐使用。

选中吸管，按住 [Shift] 键，可多次选择不同的颜色，点击确定，均可去掉。

图 2-233　拷贝位图到工作窗口

图 2-234　"描摹位图"对话框

14. 转换为矢量图形之后，用"选择工具"选中图片，在弹出的快捷菜单中选择"取消组合对象"，或单击属性栏中的"取消组合对象"快速描摹按钮。取消完组合之后，它的每一个色块都是可以编辑的。在花纹下面垫一个灰色色块便于观察，再次精细删除背景，只留下蓝色花纹。

15. 全选花纹，复制两组放在空白处组，一组用 [Ctrl+G] 键群组，另一组点属性栏 ⬚ 合并为单一对象。

第一组群组后，可任意点调色板变换填充色彩，如图 2-235 所示。

选中长方形 A，右键点住放到第二组（群组）图案上，在弹出的话框内选"复制所有属性（A）"，长方形 A 的渐变填充被填充到第二组（群组）图案。仔细观察，第二组（群组）图案里每个小元素都有渐变填充（图 2-235）。

选中长方形 A，右键点住放到第三组（合并）图案上，在弹出的话框内选"将填充 / 轮廓复制到群组（G）"，长方形 A 的渐变填充被填充到第三组（合并）图案。仔细观察，第三组（合并）图案整个只有一组渐变填充（图 2-235）。

16. 把第三组（合并）图案放到瓶体的中心略高，按 [C] 键居中对齐。输入大写字母 SHE，填充白色，去掉轮廓，如图 2-236 所示。

图 2-235　三组图案比较

 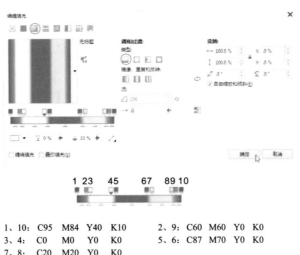 

1、10：C95　M84　Y40　K10　　2、9：C60　M60　Y0　K0
3、4：C0　M0　Y0　K0　　5、6：C87　M70　Y0　K0
7、8：C20　M20　Y0　K0

图 2-236　将图案放在瓶体上　　　图 2-237　"渐变填充"对话框　　　图 2-238　调整完成

图 2-239 "转换为位图"对话框

图 2-240 "鹅卵石"对话框

图 2-241 两种材质的瓶体

图 2-242 透明度属性栏

17. 观察发现图案不够明显。选中图案,点击编辑填充工具,选渐变,调整参数,如图 2-237 所示,完成图案(图 2-238)。

18. 全选瓶体,复制到其他地方。选中长方形 H,在属性栏调整尺寸为 18.6mm×42mm。选中长方形 H,原地复制一个长方形 H′。

19. 选中长方形 H′,点击"位图(B)菜单→转换为位图(P)",调整参数(图 2-239)。点击"位图(B)菜单→底纹(T)→鹅卵石(B)",调整参数(图 2-240),得到模拟皮革效果(图 2-241)。点击透明度工具,在属性栏调整参数(图 2-242),让皮革与下层渐变透明融合,不太突兀。按 [Ctrl+PgDn] 键,直至放置在图案和字母 SHE 之下。

至此两组瓶体都完成,一个是磨砂玻璃效果,一个是皮革效果。分别选中后,按 [Ctrl+G] 键群组,分别为群组 1 和群组 2,如图 2-241 所示。

第二种瓶体的绘制:

1. 绘制一个长方形 A,在属性栏修改尺寸为 12mm×15mm,去掉轮廓色,按 [F11] 键调出"编辑填充"对话框,按图 2-243 调整参数。瓶盖绘制效果如图 2-244 所示。

1：C73	M47	Y7	K0
2：C49	M30	Y0	K0
3：C5	M9	Y0	K0
4：C33	M13	Y0	K0
5：C95	M65	Y25	K0
6：C65	M49	Y0	K0
7：C16	M9	Y0	K0
8：C85	M65	Y7	K0
9：C49	M16	Y0	K0
10：C45	M20	Y0	K0
11：C77	M64	Y9	K0
12：C73	M53	Y7	K0

图 2-243　"渐变填充"对话框

2. 在上方正中画一个长方 B，在属性栏修改尺寸为 10mm×0.5mm，斜角参数 $\square$ 1.0 mm 0 mm，填充 C87M61Y49K0，去掉轮廓色，此为盖顶的一个斜面，如图 2-245 所示。

3. 复制长方形 A，放在瓶盖下面，正中为长方形 C，在属性栏修改尺寸为 9mm×0.5mm。选中长方形 C，原地复制一个长方形 C′，填充黑色，点击"透明度工具"，选"均匀透明度"，步长调整为 $\square$ 50。此为瓶颈，如图 2-246 所示。

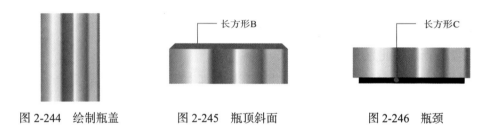

图 2-244　绘制瓶盖　　　　图 2-245　瓶顶斜面　　　　图 2-246　瓶颈

4. 绘制一个长方形 D，修改尺寸为 18mm×1.7mm，按 [Ctrl+Q] 键转曲，用形状工具编辑节点，去掉轮廓色，按 [F11] 键，选渐变填充，调整参数（图 2-247），斜面瓶体绘制完成，如图 2-248 所示。

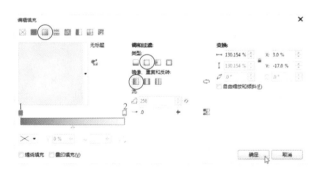

1：C73　M51　Y0　K0　　　2：C12　M5　Y0　K0

图 2-247　"渐变填充"对话框

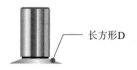

图 2-248　瓶顶斜面

5. 复制长方形 A，在属性栏修改尺寸为 18mm×45mm，此为长方形 E，将其放置到斜面瓶体的正下面，为瓶身。选长方形工具，调整斜角参数（图 2-249）。

图 2-249　瓶顶斜面参数　　　　图 2-250　白色透明度　　　图 2-251　黑色背光底部

6. 选中长方形 E，原地复制一个长方形 E′，填充白色，拉矮一点。用透明的工具拉出透明度，如图 2-250 所示，此为白色透明图形。

7. 在下面随意画一个长方形，按第 1 个瓶体的步骤画出底部背光部分，如图 2-251 所示，此为黑色透明图形。

8. 将画好的瓶体，复制为两组。第一组，在瓶身加上花纹图案和字母 SHE，完成后按 [Ctrl+G] 键群组，如图 2-252 所示。

9. 选中第二组的瓶身、白色透明度图形、黑色透明度图形，点"位图（B）菜单→转换为位图（P）"（图 2-253）。点击"位图（B）菜单→三维效果（3）→透视（R）"，按住 [Ctrl] 键，鼠标点击右上角的白色方块水平向右拖动后，左上角也向左扩展（图 2-254）。选中这个位图，按键盘的方向键调整位置。

图 2-252　直线瓶体

图 2-253　"转换为位图"对话框　　　　图 2-254　"透视"对话框

10. 选中群组的（不是合并的）花纹图案，点击阴影工具组的封套工具，用形状工具点击四个边中间的节点后删掉，全选四个角的节点，点击 ✏ 转换为直线封套，拖动节点使之与斜线的瓶体吻合，如图 2-255 所示。

图 2-255　群组对象添加封套

图 2-256　斜线瓶体

这一步骤，"合并"后的花纹图案不能执行，因为合并后的是单一对象，只能用 ▫ "修剪"来完成操作。

11. 观察花纹的渐变不太满意，可选中这个封套对象，按属性栏的 ▫ 或者按 [Ctrl+U] 键取消组合对象，再点属性栏的 ▫ 合并为单一对象。右键点击原来合并的花纹图案，放置到斜边图案的上面，选中"复制所有属性（A）"。花纹将更加符合渐变效果了，如图 2-256 所示。

第三种瓶体的绘制：

1. 绘制一个长方形 A，在属性栏修改尺寸为 28.2mm×2.4mm，去掉轮廓色，按 [F11] 键调出"编辑填充"对话框，调整参数（图 2-257），此为瓶顶（图 2-258）。

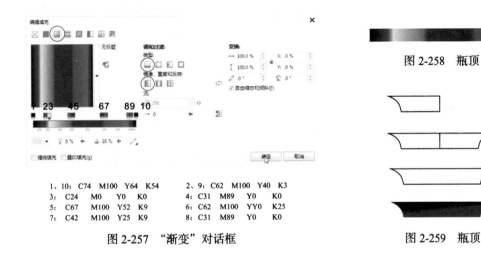

1、10：C74　M100　Y64　K54　　2、9：C62　M100　Y40　K3
3：C24　M0　Y0　K0　　6：C31　M89　Y0　K0
5：C67　M100　Y52　K9　　6：C62　M100　YY0　K25
7：C42　M100　Y25　K9　　8：C31　M89　Y0　K0

图 2-257　"渐变"对话框

图 2-258　瓶顶

图 2-259　瓶顶

2. 绘制一个长方形 B，在属性栏修改尺寸为 14.1mm×4.2mm，按 [Ctrl+Q] 键转曲。用形状工具编辑节点和线段，如图 2-260 所示。选中它，按住 [Ctrl] 键，将鼠标移动到左边中点，点住小黑方块向右移动，等翻出 1 个图形时，点右键，松左键，复制 1 个对称图形。对称图形通常采用先完成一半，再用对称复制的办法来完成，避免两侧形状不一致（图 2-259）。

3. 选中这两个图形，按属性栏 ⛶ 合并为一个对象，去掉轮廓色，按 [F11] 键调出"编辑填充"对话框，选渐变填充，调整参数（图 2-260），填充弧形部分（图 2-259）。

4. 绘制一个长方形 C，在属性栏修改尺寸为 7.5mm×3.2mm，按 [Ctrl+Q] 键转曲。用形状工具编辑节点和线段，如图 2-261 所示。对称复制 1 个图形；选中两个图形，合并为 1 个对象（图 2-261）。按 [F11] 键调出"编辑填充"对话框，选渐变填充，调整参数（图 2-262），填充反光的弧形部分，去掉轮廓色。

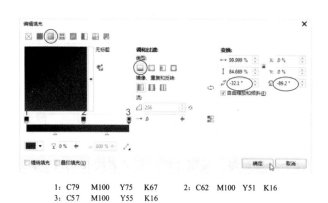

1：C79　M100　Y75　K67　　2：C62　M100　Y51　K16
3：C57　M100　Y55　K16

图 2-260　"渐变"对话框

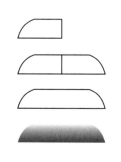

图 2-261　弧形反光部分

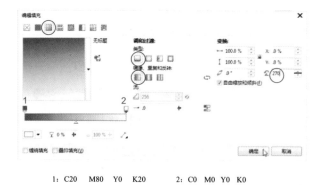

1：C20　M80　Y0　K20　　2：C0　M0　Y0　K0

图 2-262　"渐变"对话框

图 2-263　拉出透明度

5. 按住 [Shift] 键点击反光部分和弧形部分，按 B（下面对齐）、C（水平居中）。选中反光部分，点透明度工具，按图 2-263 拉出透明度。

6. 绘制一个长方形 D，在属性栏修改尺寸为 24mm×2.4mm，选圆角，调整参数去掉轮廓色，按 [F11] 键调出 "编辑填充" 对话框，选渐变填充，调整参数（图 2-264），点确定（图 2-265）。

7. 选中长方形 D，原地复制一个长方形 D′。按 [F11] 键调出 "编辑填充" 对话框，调整参数（图 2-266），点透明度工具，拉出透明度（图 2-267），让两个长方形互透出立体感。

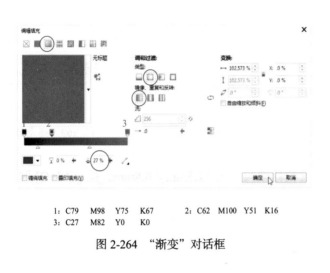

1: C79 M98 Y75 K67   2: C62 M100 Y51 K16
3: C27 M82 Y0   K0

图 2-264 "渐变" 对话框   图 2-265 填充渐变

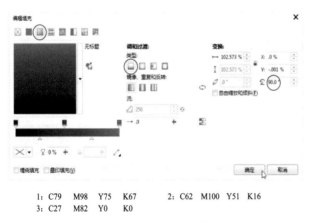

1: C79 M98 Y75 K67   2: C62 M100 Y51 K16
3: C27 M82 Y0   K0

图 2-266 "渐变" 对话框   图 2-267 透明度

8. 绘制高光部分：绘制 1 个长方形 E，在属性栏修改尺寸为 12.2mm×1mm，修改圆角系数为 ![]。按 [F11] 键调出 "编辑填充" 对话框，选渐变填充，调整参数（图 2-268），点确定（图 2-269）。

9. 绘制一个长方形 F，在属性栏修改尺寸为 22.2mm×1mm，圆角参数设置为 ![]。填充 C60M100Y47K15，放置在长方形 E 的下一层并与其中心对齐。点击阴影工具组的 "调和" 工具，从长方形 E 拉到长方形 F，在属性栏调整参数，步长 。将调和组放置在长方形 D 的正中。

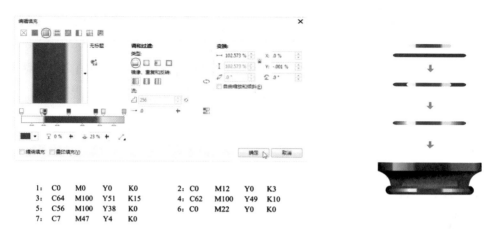

1：C0	M0	Y0	K0		2：C0	M12	Y0	K3
3：C64	M100	Y51	K15		4：C62	M100	Y49	K10
5：C56	M100	Y38	K0		6：C0	M22	Y0	K0
7：C7	M47	Y4	K0					

图 2-268　"渐变"对话框　　　　　　图 2-269　高光部分

10.绘制一个长方形 J，在属性栏修改尺寸为 12.5mm×0.8mm，按 [Ctrl+Q] 键转曲，用形状工具编辑节点。对称复制 1 个长方形。选中两个图形，按属性栏 🔲 合并为单一对象。按 [F11] 键调出"编辑填充"对话框，按图 2-270 调整参数。将这个合并的梯形放置在长方形 F 下面正中，完成瓶颈部分（图 2-271）。

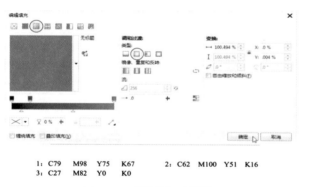

| 1：C79 | M98 | Y75 | K67 | | 2：C62 | M100 | Y51 | K16 |
| 3：C27 | M82 | Y0 | K0 | | | | | |

图 2-270　"渐变"对话框　　　　　　图 2-271　瓶颈部分

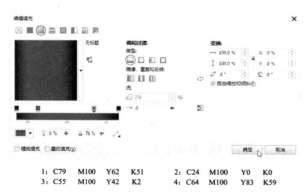

| 1：C79 | M100 | Y62 | K51 | | 2：C24 | M100 | Y0 | K0 |
| 3：C55 | M100 | Y42 | K2 | | 4：C64 | M100 | Y83 | K59 |

图 2-272　"渐变"对话框　　　　　　图 2-273　渐变瓶体

11. 绘制一个长方形 F，在属性栏修改尺寸为 28mm×13mm，圆角参数
按 [F11] 键调出"编辑填充"对话框，按图 2-272 调整参数，点击确定，去掉轮廓色，放置
在最下面正中（图 2-273）。

12. 选中长方形 F，原地复制一个长方形 F′，填充 C79M100Y62K51。点击透明度工具，
选"渐变透明度"，编辑透明度（图 2-274、图 2-275）。在透明的色条上双击，可增加一个
控制色标，可拖动色标到任一位置；要删除色标，则双击该色标，如图 2-276 所示。

图 2-274　透明度属性栏

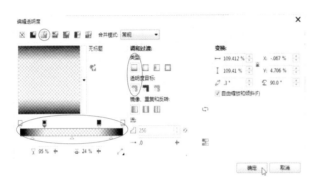

图 2-275　"渐变"对话框

图 2-276　绘制透明度

图 2-277　添加字体

13. 点文本工具，输入大写字母 SHE，字体为"Arial Black"，字号为 5.8，填充白色。
放置在瓶体正中。输入小的字母两排，字体为"Arial Black"，字号为 1.3，放置在合适位置。
　绘制完成，储存文件，如图 2-277 所示。

2.4.2　包装盒的绘制

1.测量、绘制 1 个方形的包装盒的展开图。制作时保留轮廓色用于观察，在实际印刷时，所有的轮廓线均要去掉颜色。注意面与面要无缝结合。图 2-278 中紫色为 C46M100Y20K0。

2.点平行测量工具，标注尺寸，然后按图 2-279 调整参数，修改标注样式。点击数字，再点调色板的颜色可填充任意颜色；线段则点击右键改变颜色。

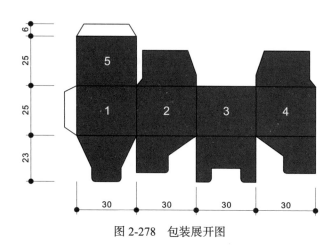

图 2-278　包装展开图

图 2-279　水平尺寸标注属性栏

3.本例选的矢量花纹图案为正方形，属性栏锁定等比，调整长度为 12mm，将花纹横向翻转复制，再点属性栏 回 镜像，共 11 个图案，点击 凸 合并为一个对象，填充白色，去掉轮廓色。若长方形尺寸刚好为 10mm，每个版面刚好放置 3 个图案；采用 12mm，是故意增加制作的难度。将合并后的图案放置在版面 1、2、3、4 的竖直正中，如图 2-280 所示。

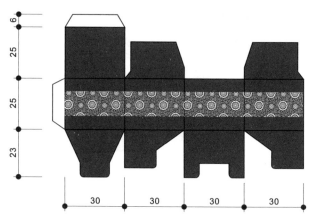

图 2-280　在版面 1、2、3、4 正中分别产生 1 个交集图案

若是制作印刷稿子，可将版面 1、2、3、4 合并为 1 个对象，将 11 个图案组右键点住放置在合并对象上，松开右键点击"图框精确裁剪内部（Ⅰ）"。

若是制作效果图，则包装盒每个面都必须是独立的图案，而展开后花纹又是连贯的。

4. 选中合并花纹图案，按住 [Shift] 键点击版面 1，点击 🔲 交集，产生 1 个交集图案 1。同理，制作版面 2 的交集图案 2、版面 3 的交集图案 3、版面 4 的交集图案 4。删掉合并花纹图案，将交集图案 1、2、3、4 填充白色，去掉轮廓色。

5. 绘制一个长方形 A，在属性栏修改尺寸为 11.6mm×3.8mm，扇形角参数 ，点击吸管工具，再点击一下盒子的紫色，移动鼠标到长方形 A 上，按住 [Shift] 键点击左键，紫色被吸附填充到长方形 A 中。

6. 点击文本工具，输入大写字母 SHE，字体为 "Arial Black"，字号为 5.8，填充白色，无轮廓色。选中字母原地复制一组。一组放置到版面 5 的中心。一组放置到长方形 A 的中心略高，下面增加两排小字母，字体为 "Arial Black"，字号为 1.5，填充白色，无轮廓色。

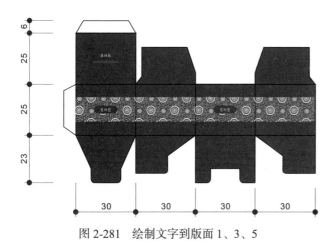

图 2-281　绘制文字到版面 1、3、5

图 2-282　调整封套

7. 把长方形 A 和字母按 [Ctrl+G] 键群组后，复制一组，分别放到版面 1 和 3 的中心（图 2-281）。

8. 利用版面 1、2、5 来制作一个立体的盒子。选中版面 1 内所有对象，按 [Ctrl+G] 键群组，复制到旁边。对版面 2 和版面 5 做相同的操作。

9. 为版面 1、2、5 分别添加直线封套，用形状工具编辑节点，删掉边上的节点，全选角上的节点，转换为直线，拖动节点达到透视的效果（图 2-282）。

10. 形态调整好后，绘制长方形 B 和 C，按 [Ctrl+Q] 键转曲，点击形状工具，拖动节点使之与版面 5 和版面 2 吻合。填充 C46M100Y20K100，注意不可填充 K100。四色黑与单色黑比较，四色黑的色彩更饱满厚重。但是在填充内文的文字、较细的轮廓色时尽量使用单色黑，以便于印刷。分别用透明度工具拉出长方形 B 和 C 的透明度（图 2-283、图 2-284）。完成后去掉所有图形的轮廓线。单体包装的效果图完成。

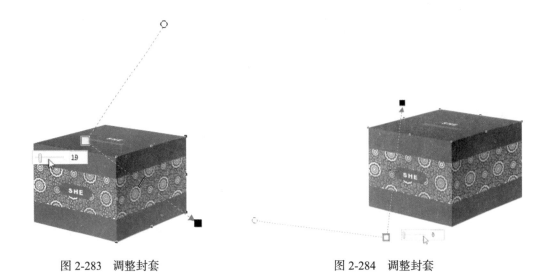

图 2-283　调整封套　　　　　　　　　　　　图 2-284　调整封套

2.4.3　效果图的绘制

利用前面的成品图绘制如图 2-285 所示效果图。

图 2-285　效果图

　　1. 绘制 1 个长方形 A，在属性栏修改尺寸为 180mm×90mm，按 [F11] 键调出"编辑填充"对话框，选渐变填充，按图 2-286 调整参数。

　　2. 绘制 1 个长方形 B，在属性栏修改尺寸为 180mm×40mm，填充 C30M30Y30K60。用透明度工具拉出透明度。将长方形 B 与长方形 A 的下边缘对齐（图 2-287）。

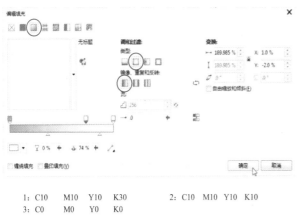

1：C10　M10　Y10　K30　　　2：C10　M10　Y10　K10
3：C0　　M0　　Y0　　K0

图 2-286　"渐变填充"对话框　　　　　　　　　图 2-287　绘制透明度

3. 绘制 1 个长方形 C，在属性栏修改尺寸为 180mm×40mm，按 [F11] 键调出"编辑填充"对话框，选底纹填充，按图 2-288 调整参数。将其放置在长方形 B 的正下方。这个花纹模拟的是大理石桌面。也可以导入一张大理石的位图，用"图框精确裁剪内部（I）"置入长方形 C 中。

4. 复制透明度的长方形 B 到长方形 C 的正下方（图 2-289）。

5. 将前面绘制的瓶子分别群组后，放到合适的位置。

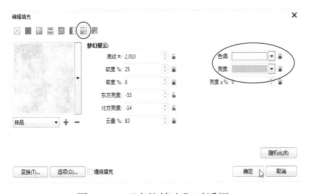

图 2-288　"底纹填充"对话框　　　　　　　　图 2-289　绘制大理石小墩子

6. 复制长方形 C 和阴影，缩小，在紫红色瓶子的下面绘制 1 个大理石的小墩子（图 2-289）。

7. 选中瓶型 1，按 [Ctrl+G] 键群组，原地复制一组，点"位图（B）菜单→转换为位图（P）"，选"300dpiCYK 模式"，点击"确定"（图 2-290）。将鼠标移至位图上方中点外的小黑方块处，点击鼠标左键同时按住 [Ctrl] 键，拖动到位图下方松开左键，位图被垂直镜像。

8. 选中这个位图，用形状工具选中下面两个节点，按住 [Ctrl] 键拖动到画面的下边缘，点透明度,为位图拉出透明度,产生倒影(图 2-291)。同理为 4 个蓝色的瓶子拖出倒影,拉出透明度。用位图来拉出透明度不会出现错误,并且节约运算空间。若多个对象的群组拉透明度,运算过大,会造成程序卡死。

9. 将紫色瓶子下方的墩子垂直等翻复制一组,将原来黑色的透明度图形填充为白色。紫色瓶子垂直等翻复制,拉出较浅淡的透明度。

10. 绘制方盒子的倒影。垂直等翻复制版面 1 和版面 2 后,分别添加封套,删除线段中间的节点,把角上的四个节点转换为直线节点。用形状工具拖动封套的节点到适当位置,使其与斜的下边缘线吻合,符合倒影的透视规律。再将调好的倒影转换为位图,拉出透明度(图 2-292)。

图 2-290 "转换为位图"对话框

图 2-291 绘制倒影

图 2-292 绘制倒影

储存文件,完成图形绘制。

课后思考与练习

收集资料,临摹 2 个不同类型的包装效果图设计。

第3章　CorelDRAW X7 在环境艺术设计中的应用

学习任务: 通过本章的学习，让学生掌握 CorelDRAW X7 在环境艺术设计中的应用。

关　键　词: 景观小品设计、室内立面设计、室外立面设计。

运用 AutoCAD 软件进行方案和施工图绘制，在效果表现时，运用 3D 或草图大师进行三维效果表现。CorelDRAW X7 因能提供真实的色彩和肌理，模拟一定的光影，能够以彩色正投影图提供辅助表达。

在使用 CorelDRAW X7 做彩色正投影图表达时，与平面设计时有不同的要求:

1. 明确绘图比例。矢量图完成后可任意缩放，因此制作时可用缩小比例的方法来制作，加快工作时间，减少软件运算速度。

2. 彩色正投影图是基于尺寸的效果表达，因此，单个物品的定形尺寸、物品与物品之间的定形尺寸、总尺寸都应严格丝毫不差，精确到毫米。不论是从 AutoCAD 软件导入基础的尺寸图来完成效果表达，或是直接用 CorelDRAW X7 做方案设计，都应始终忠于真实的尺寸。

3. 色彩、肌理、光影的表达都为了增加视觉艺术效果，因此尽可能模拟真实的物品，或导入位图来增加真实感。

在后期施工中，CorelDRAW X7 完成的彩色正投影图具有很大的参考价值，例如，在 AutoCAD 软件里标注红色油漆，只是一个色相的概念，不包含明度和饱和度的规定性。而在 CorelDRAW X7 里，设计师能真正通过填充指定的颜色，用 CMYK 值来赋予红色三大属性的综合表达。

图纸是设计师的语言，如果说 CAD 是最规范的表达，三维效果图是最艺术的表达，彩色正投影图则是设计思路最明确完善的表达。

3.1　景观小品设计

景观小品一般体量较小、色彩单纯，对空间起点缀作用，是景观中的点睛之笔。室外景观小品很多时候特指公共艺术品，既具有实用功能，又具有审美功能和精神文化功能。景观小品通常分为建筑小品、生活设施小品、道路设施小品，具体包括雕塑、壁画、艺术装置、座椅、电话亭、指示牌、灯具、垃圾箱、健身游戏设施、建筑门窗、装饰灯等。景观小品，在提供基本功能的基础之上，提高了整个空间环境的艺术品质，改善了城市环境的景观形象，给人们带来美的享受。

利用 CorelDRAW X7 设计景观小品，可以较快完成各个立面投影图，让设计构思一一落实为可视化表达，并可通过多次比较调整取得最好的设计效果，如图 3-1 所示。

3.1.1 垃圾桶设计

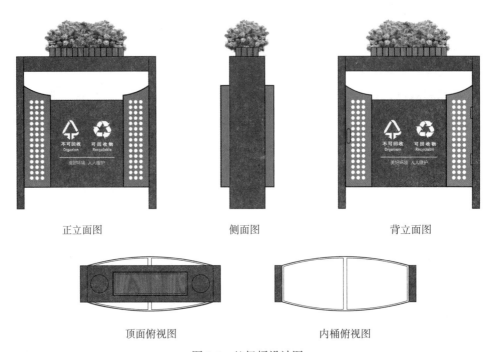

正立面图　　　　　　　　　　侧面图　　　　　　　　　　背立面图

顶面俯视图　　　　　　　　　　内桶俯视图

图 3-1　垃圾桶设计图

在环境艺术设计中，制作设计稿可按对象大小制作，也可缩小至 1/10、1/100 制作，但尺寸必须精确到毫米，并且随时检查数字后面会否出现小数，出现小数则说明在对齐上出了问题。完成后存储一个名字为"原大"的文件，若后期要制作文本，需要根据版面放大、缩小图形拷贝到另外的文件中制作而不改动原大文件。这样的好处是，一旦定稿后，"原大"文件可直接交付施工单位制作，避免原大文件出现尺寸错误而返工。本案例以 1∶10 的比例制作，即是以实际尺寸的 1/10 来制作，即原大是 800mm，制作稿是 80mm。

1. 建立一个新文件，存储为"垃圾桶 - 原大的 1/10"。先绘制正立面图。绘制 1 个长方形 A，在属性栏修改尺寸为 4mm×84mm，按 [F11] 键调出"编辑填充"对话框，填充 C0M20Y20K60，轮廓宽度 0.2mm，轮廓为黑色。

2. 按 [Alt+F7] 键调出变换泊坞窗，选中长方形 A，调整参数（图 3-2），长方形 B 被复制。这是垃圾桶的第二条立柱。框选两条立柱，查看属性栏，总尺寸是 80mm×84mm。

3. 绘制 1 个长方形 C，在属性栏修改尺寸为 76mm×50mm，按 [F11] 键调出"编辑填充"对话框，填充 C0M20Y20K60，轮廓宽度 0.2mm，轮廓为黑色。将它放置在两个立柱中间，选中立柱和长方形 C，按键盘的 B 键，与立柱下对齐。在变换泊坞窗调整参数（图 3-3），让长方形 C 离地面 12mm（图 3-4）。

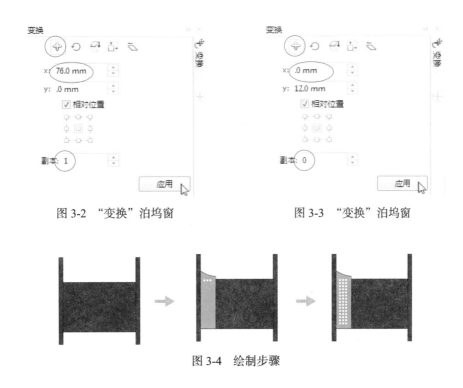

图 3-2　"变换"泊坞窗　　　　　　　图 3-3　"变换"泊坞窗

图 3-4　绘制步骤

4. 绘制 1 个长方形 D，在属性栏修改尺寸为 15mm×56mm，按 [F11] 键调出"编辑填充"对话框，填充 C0M60Y100K0，轮廓宽度 0.2mm，轮廓为黑色。按 [Ctrl+Q] 键转曲，用形状工具调整（图 3-4）。

5. 绘制 1 个正圆，在属性栏锁定等比，修改尺寸为 2mm，填充白色，去掉轮廓色。在"变换"泊坞窗调整参数（图 3-5）。选中这一排白圆，再次调整"变换"泊坞窗参数（图 3-6）。

图 3-5　"变换"泊坞窗　　　　　　　图 3-6　"变换"泊坞窗

6. 选中这 15 排白圆，按 [Ctrl+G] 键群组，按住 [Shift] 键，点击它们与长方形 D，按键盘的 B 下对齐，再调整"变换"泊坞窗的参数（图 3-7）。选中橘色装饰板和白圆组，水平等翻复制一组，靠近长方形 C 的右下角放置（图 3-4）。

图 3-7 "变换"泊坞窗　　　　　　图 3-8 "变换"泊坞窗

7. 绘制 1 个长方形 E，在属性栏修改尺寸为 72mm×8mm，按 [F11] 键调出"编辑填充"对话框，填充 C0M20Y20K60，轮廓宽度 0.2mm，轮廓为黑色。将其与立柱上对齐放置。

8. 绘制 1 个长方形 F，在属性栏修改尺寸为 8mm×5mm，按 [F11] 键调出"编辑填充"对话框，填充 C100M100Y0K60，轮廓宽度 0.2mm，轮廓为黑色。在"变换"泊坞窗调整参数（图 3-8），点击应用，生成花盆群组。将它们放置在长方形 A 的正上方。

9. 点击属性栏 "导入"木材位图，右键点住木材位图，放到花盆群组上松开鼠标，在弹出的选项里选"图框精确裁剪内部（I）"，木材位图被填入花盆群组内（图 3-9）。

图 3-9 将位图置入图框中

10. 按属性栏 "导入"植物位图，按 [Ctrl+PgDn] 键放置在花盆组的下层。

11. 绘制垃圾分类的标识和文字，填充白色，去掉轮廓色，将其放置到长方形 C 中心适当的位置。全选图形后按 [Ctrl+G] 键群组，如图 3-10 所示。

12. 绘制侧立面图。绘制 1 个长方形 G，在属性栏修改尺寸 20mm×84mm，填充 C0M20Y20K60，轮廓宽度 0.2mm，轮廓为黑色。绘制 1 个长方形 H，在属性栏修改尺寸为 30mm×56mm，填充 C0M60Y100K0，轮廓用细线，轮廓为黑色。

13. 按 [Ctrl+PgDn] 键，将长方形 H 放置在长方形 G 下一层。将两个长方形下对齐后，按键盘的 C 水平居中对齐，按图 3-7 调整参数。

14. 将正立面的花盆复制一组，删掉 9 个，只保留 4 个。将这 4 个群组后放置在长方形 G 的正上方。

15. 按属性栏 ![图标] 导入植物位图，按 [Ctrl+PgDn] 键放置在侧面花盆组的下层。全选侧面图形按 [Ctrl+G] 键群组。侧立面完成（图 3-11）。

图 3-10　正立面完成

图 3-11　侧立面完成

16. 绘制垃圾桶的俯视顶面图。绘制 1 个长方形 I，在属性栏修改尺寸为 4mm×20mm，填充 C0M20Y20K100，轮廓宽度 0.2，轮廓为黑色。复制 1 个长方形 I′。在中间绘制 1 个长方形 J，其尺寸是 72mm×20mm，轮廓宽度 0.2，轮廓为黑色。

17. 绘制 1 个正圆，在属性栏锁定等比，修改尺寸为 10mm，无填充色，轮廓宽度为 0.1mm，轮廓为黑色。点住圆的中心，将其放置到长方形 J 左边的中点，按图 3-12 调整参数。复制 1 个正圆放置到长方形 J 右边的中点，按图 3-13 调整参数，得到两个圆形的烟灰缸。

图 3-12　"变换"泊坞窗

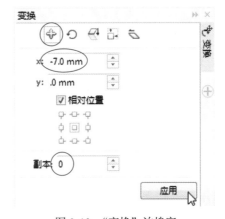
图 3-13　"变换"泊坞窗

18. 绘制 1 个长方形 K，在属性栏修改尺寸为 42.6mm×12.9mm，此为花盆的外长和外宽，轮廓宽度为 0.2mm, 轮廓色为黑色。再次导入木材位图, 将木材位图用"图框精确裁剪内部(I)"置入长方形 K 中。

19. 原地复制长方形 K, 在属性栏修改尺寸为 41.6mm×11.9mm, 此为花盆的内长和内宽（木材厚度为 1mm）, 轮廓宽度为 0.1mm, 轮廓为黑色。

20. 绘制 1 个长方形 L, 在属性栏修改尺寸为 36mm×5mm, 按 [Ctrl+Q] 键转曲, 用形状工具编辑节点。然后水平等翻复制 1 个长方形 L', 将它与长方形 L 合并为一个对象, 此为桶身俯视部分。其无填充色, 轮廓宽度为 0.2mm, 轮廓为黑色。将这个合并的弧形垂直等翻复制一个, 放置到长方形 J 的正下方, 如图 3-14 所示。

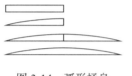
图 3-14　弧形桶身

图 3-15　绘制顶面俯视图

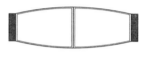
图 3-16　绘制弧形桶身

21. 将顶面俯视图的图形全选后按 [Ctrl+G] 键群组（图 3-15）。

22. 右键点住顶面俯视图到其他地方, 松开右键后选复制。删掉最上面的长方形 J、圆形烟灰缸、花盆。

23. 点击工具栏 "手绘工具", 点击弧线的中点到另一根弧线的中点, 用智能填充工具点击中线左边一半, 得到 1 个新的图形, 在属性栏锁定等比, 修改长度为 34mm, 这是内桶中的一个桶。去掉填充色, 轮廓宽度为 0.1mm, 轮廓为黑色。同理, 绘制另一个桶。全选桶身的俯视图形为群组, 内桶的俯视图完成（图 3-16）。

24. 右键点住两个内桶和中线, 移动到其他地方, 松开鼠标后选复制, 按 [Ctrl+G] 键群组后, 点住中线的一端, 放置到顶面俯视图弧形的中点, 按 [Shift+PgDn] 键, 放置到最下层。按住 [Ctrl] 键点选两个俯视图的中线, 删掉。顶面俯视图、内桶俯视图绘制完成（图 3-17、图 3-18）。

图 3-17　顶面俯视图

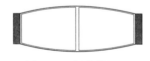
图 3-18　桶身俯视图

图 3-19　完善背立面图

25.将正立面图拷贝一组,在适当的位置增加拉手,两个合页。背立面图绘制完成(图 3-19)。

26.若有必要,标注出全部的尺寸。

储存文件,本案例绘制完成。

3.1.2 导视墙设计

完成如图 3-20、图 3-21 所示的图形。

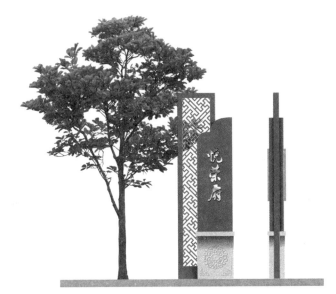 

图 3-20 导视墙立面图　　　　图 3-21 导视墙轴测图

本案例按原大尺寸绘制。新建一个文件,命名为"导示墙 - 原大"。

1.绘制一个长方形 A,在属性栏修改尺寸为 600mm×1600mm,填充 C20M80Y0K20,去掉轮廓色。按 [Ctrl+Q] 键转曲,用形状工具编辑节点(图 3-22)。

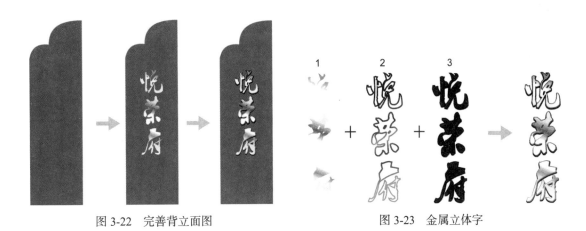

图 3-22 完善背立面图　　　　图 3-23 金属立体字

2. 点击文本工具，输入"悦荣府"，字体为"叶根友行书繁"，字号为 65，点属性栏 ⬛ 变为竖式。点住文字中心放置到长方形 A 的中心。按 [F11] 键调出"编辑填充"对话框，选渐变，按图 3-24 调整参数，给文字加上金属光泽（图 3-23）。

3. 选中文字，按 [F12] 键调出"轮廓笔"对话框，调整参数（图 3-25）。

4. 复制一组文字放在旁边，填充 C20M80Y0K100。

5. 选中原来的文字，点击"排列（A）菜单→将轮廓转换为对象（E），"将轮廓转换为独立对象。选中轮廓，按 [F11] 键调出"编辑填充"对话框，选渐变，按图 3-26 调整参数，给轮廓加上金属光泽。将轮廓和金属字群组，放置在长方形 A 的中心。

6. 将备用的文字放置在长方形 A 的中心，按 [Ctrl+PgDn] 键调整顺序放在文字群组的下层。按键盘的 [→][↓] 微调距离，得到金属立体字（图 3-23）。

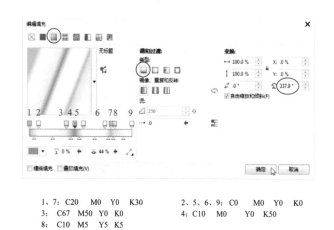

1、7: C20　M0　Y0　K30　　　　2、5、6、9: C0　M0　Y0　K0
3: C67　M50　Y0　K0　　　　　　4: C10　M0　　Y0　K50
8: C10　M5　Y5　K5

图 3-24　"渐变"对话框

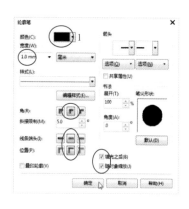

1: C20　M80　Y0　K100

图 3-25　"轮廓笔"对话框

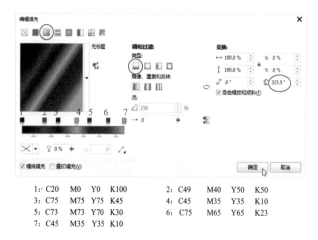

1: C20　M0　Y0　K100　　　　2: C49　M40　Y50　K50
3: C75　M75　Y75　K45　　　　4: C45　M35　Y35　K10
5: C73　M73　Y70　K30　　　　6: C75　M65　Y65　K23
7: C45　M35　Y35　K10

图 3-26　"渐变"对话框

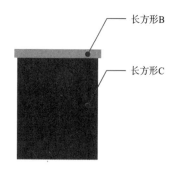

长方形B

长方形C

图 3-27　石材墩子

7. 绘制石材的墩子。绘制 1 个长方形 B，在属性栏修改尺寸为 560mm×60mm，暂时填充 K30，去掉轮廓色。绘制 1 个长方形 C，在属性栏修改尺寸为 520mm×60mm，填充 C20M20Y0K60，去掉轮廓色（图 3-27）。

8. 按 [Ctrl+I] 键导入两张位图，用它们拼出一张石材的浮雕图案。

9. 全选圆形花纹位图，在属性栏锁定等比，修改长度为 350mm，将其放置在长方形 B 的中心。点击"位图（B）→位图颜色遮罩（M）"，用吸管吸取白色，宽容度为 65，点击应用（图 3-28）。圆形位图的白色被删掉。

图 3-28 "位图颜色遮罩"对话框　　　　图 3-29 描摹位图

10. 选中角花位图，按属性栏"描摹位图（T）"（图 3-29），调整参数（图 3-30），将角花位图转换为矢量图。

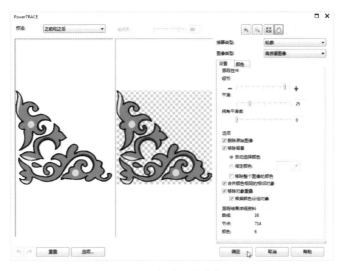

图 3-30 高质量描摹位图

选中矢量图案，任意填充色彩，发现有细细的白边，这没有达到要求。点击 ✄ 取消组合所有对象，点击 ⬚ "合并"，再点击 ⬚ 拆分，对象变为单一色彩。

点击"视图（V）→简单线框（S）"，逐个删掉中间的图案，只留下最外侧的图形（图3-31）。

11. 全选角花图案后群组。在属性栏锁定等比，修改长度为15mm。用吸管工具吸取圆形图案的草绿色，填充矢量角花。拷贝三组，放在圆形位图的四周，注意调整对齐（图3-32）。

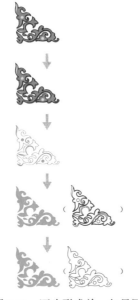

图 3-31　逐步形成单一矢量图

图 3-32　花纹定位

12. 选中4个角花和圆形花纹，点击"位图（B）菜单→转为位图"（图3-33），再点击"位图（B）菜单→底纹（T）→浮雕（R）"，调整参数（图3-34），点击"色彩→更多"，输入"C12M15Y26K0→确定"，花纹有了立体感（图3-35）。

图 3-33　"转换为位图"对话框

图 3-34　"浮雕"对话框

13. 复制长方形 C 到其他位置，去掉轮廓。按步骤 12 同样操作 "转换为位图"、"浮雕"，再点击 "位图（B）菜单→底纹（T）→石头（T）"，调整参数（图 3-36），该图变为有石头纹理的位图（图 3-37）。按照添加石头纹理的步骤对花纹位图进行操作，调整系数，让它略有粗糙的感觉，更像石头上雕刻的花纹。

图 3-35　花纹有立体感

图 3-36　"石头" 对话框

图 3-37　石头纹理的位图

图 3-38　保存为 "石头纹理" 的图样

14. 点击 "工具（O）菜单→创建（T）→图样填充（P）→位图"，点击 "确定"；从石头纹理位图的右上角拉到左下角，将鼠标移至框内并双击，在 "转换为位图" 对话框内点击 "确定"；在 "保存图样" 对话框里将名称改为 "石头纹理"（图 3-38）。

15. 选中长方形 B、长方形 C，调出 "编辑填充" 对话框，选 "位图图样填充"，刚才保存的 "石头纹样" 自动显示出来，调整参数，填充石头纹样（图 3-39）。

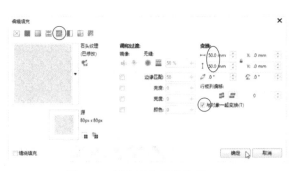

图 3-39　填充石头图样纹理

图 3-40　透明度图形

16. 绘制 1 个长方形 D，在属性栏调整尺寸为 520mm × 400mm，填充 C0M20Y20K100，去掉轮廓色。点击透明度工具，拉出透明度（图 3-40），这个透明度图形将在后面多次用到。将它与长方形 C 上边齐平放置，居中对齐，第一部分完成（图 3-41）。

17. 在工作窗口绘制 1 个长方形 E，在属性栏调整尺寸为 540mm × 2600mm，填充 C20M80Y0K20，去掉轮廓色。绘制 1 个长方形 F，在属性栏调整尺寸为 400mm × 2350mm，填充白色，去掉轮廓色。选择两个长方形，按键盘的 T 上对齐，按键盘的 C 居中对齐。按 [Alt+F7] 键调出"变换"泊坞窗，调整参数（图 3-42）。

18. 按住 [Shift] 键点选长方形 F、长方形 E，点击属性里的 ⬚ "修剪"，将长方形 E 修剪为一个框（图 3-43）。

图 3-41　第一部分完成

图 3-42　"变换"泊坞窗

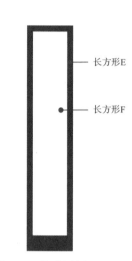

长方形E

长方形F

图 3-43　修建图框

19. 按 [Ctrl+I] 键导入"长框"位图。点击"工具（O）→创建→图样填充（P）→双色（T）、高（H）"（图 3-44）。按图 3-45 精确选择四方连续图案的基础形（可用鼠标中键放大，点工作窗口左侧和下侧的滑条上的 [▾][▸] 选择），然后点击"接受"，双色图案被选中创建。

图 3-44　创建图案

图 3-45　创建双色图样

20. 选中长方形 F，点击 🖱"交互式填充工具（G）"，选双色图样，在图样下拉框里选最后一项，将第一个颜色调整为 C20M80Y0K20（图 3-46），点击 🔳"编辑填充"对话框，调整参数（图 3-47），长方形 F 被双色图样填充（图 3-48）。选中长方形 E、长方形 F 群组，为第二部分。

图 3-46　交互式填充工具属性栏

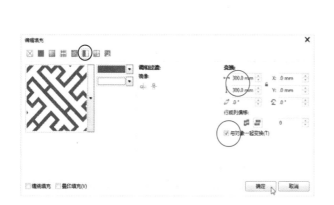

图 3-47　"编辑填充"对话框　　　　图 3-48　填充双色图样　图 3-49　渐变分出层次

21. 将第二部分移动到第一部分的下层，用下边缘的中点对齐第一部分的左下角节点放置。由于这个案例都取消了轮廓色，所以第一部分和第二部分的颜色有粘连，层次不清。复制两个透明度的色块，调出"编辑填充"对话框，选"均匀填充"，改变填充为 C20M20Y0K100（原透明度不变），放置在第一部分下面、第二部分上面，第一部分就突出了（图 3-49）。

22. 绘制 1 个长方形 G，填充 30% 黑色，作为地面。导入一棵树的位图，放置在最下层、导视牌的旁边。这时会发现雕花部分的白色没有镂空，树木无法透出来。按住 [Ctrl] 键点选雕花格，点击"位图（B）→转换为位图"，按图 3-50 调整后确定。再点击属性栏"描摹位图→轮廓描摹（O）→高质量图像（H）"，调整参数（图 3-50），将雕花格变成矢量图，下面的树叶就透出来了。

在步骤 19 时也可先描摹位图为矢量图，手动拼接花纹后，用"图框精确裁剪（W）"命令放入长方形 F 内，达到使雕花格透出下层对象的目的。

23. 导示墙的侧面图请自行完成。紫色厚度 200mm，石材基座厚度 240mm，石材装饰线条厚度 260mm，雕花部分厚度 100mm，文字厚度 30mm。注意使用透明度块，让各个部

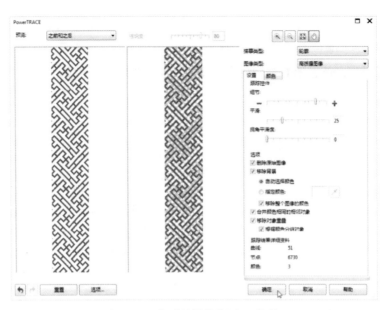

图 3-50 "高质量描摹位图"对话框

分的层次更加醒目。

24. 绘制导示墙的轴测图。全选导示牌，移动到空白区域，再点击出现旋转箭头，拖动右侧边的 ↕，将正立面拉成倾斜状（图 3-51）。点击属性栏 ⬚ "取消组合所有对象"。

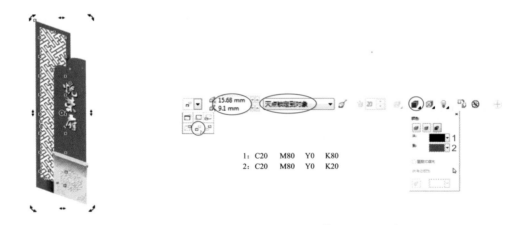

1: C20　M80　Y0　K80
2: C20　M80　Y0　K20

图 3-51　平行倾斜导示牌　　　　　　　图 3-52　立体化工具属性栏

25. 从左边的尺寸栏拉出一条辅助线，修改旋转角度为 30°。右键拖动辅助线到其他位置，松开右键，选"复制"，共复制出 4 条辅助线。将辅助线分别放置，与节点 1、2、3、4 重合。

26. 选中长方形 A，点击 ⬚ "立体化工具"，拉出一个立体来，属性栏按图 3-52 调整。放大图形，仔细观察灭点的左边数字，通过改变数字，让斜后方的节点与辅助线完全吻合（图

3-53）。同理拉出方框的立体图，并按键盘的方向键移动位置，更符合轴测规律。

27. 文字厚度只有 30mm，不需要拉立体，只需将下层阴影向右下方挪动，增加立体感即可。

28. 雕花格比较复杂，本身厚度也小，所以不宜采用立体化工具，而是复制一个雕花格放在下一层，填充较深的颜色 C20M80Y0K80。雕花格和阴影要居于方框的中间，它们向右上方移动后，会使左侧多出来一部分。用折线工具画一个图形（如图 3-54 中黄线所示），修剪掉雕花格和阴影的多余部分后再删除这个图形。调整透明度色块，使其符合图形位移变化。

29. 选中长方形 B（装饰边框），点击 🔳 "立体化工具"，按步骤 26 拉出立体。因为该图采用位图填充，所以 🔳 "立体化颜色"要选择 🔳 "使用对象填充"。

30. 另外绘制两个图形，去掉轮廓色，填充 C20M20Y0K50，拉出透明度，让装饰边框具有明暗变化（图 3-55）。

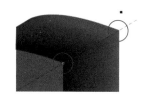

图 3-53　调整灭点坐标，
让前后节点与辅助线吻合

图 3-54　调整雕花格

图 3-55　装饰边框的明暗变化

图 3-56　基座的层次

图 3-57　顶部细节

31. 按键盘的方向键调整基座石材位图、花纹位图和阴影的位置，辅助线也随之移动到适当的位置。

32. 点击 ✏ "手绘工具组"的 ◿ "折线工具"绘制一个多边形 H，让它符合基座的侧面轴测规律。去掉轮廓色，按步骤 15 填充石头位图。原地复制一个多边形 H′，填充

C20M20Y0K50,用透明度工具拉出透明度。调整各个层次的先后顺序,基座的立体感加强(图 3-56)。存储文件,轴测图完成 (图 3-57)。

课后思考与练习

收集资料,临摹 3 个不同类型的景观小品。

3.2 室内立面图设计

作为日常学习,对于优秀的室内界面分析和临摹不仅能提高软件的应用能力,也能通过临摹快速提高设计能力。临摹的过程必定要研究该图的造型风格、尺寸比例、材质选择、灯光软饰搭配,在不断的推敲中获得经验的积累。临摹时,首先根据室内居住空间通常以 2.8 ~ 3.0m 高度为尺寸基准,对该立面的其他尺寸进行推敲,常规的家具尺寸也要熟记于心。

3.2.1 居中空间立面图临摹

完成如图 3-58 所示的临摹。

图 3-58　居中空间立面图

1.建立一个新文件,命名为"立面图 - 原大",点击"视图(V)→设置(T)→网格和标尺(L)",弹出"选项"对话框,按图 3-59 调整参数。将文件的单位改为"厘米"。本文件以"厘米"为单位制作原大文件。

2.绘制一个长方形 A,在属性栏修改尺寸为 80cm×20cm,填充 10% 黑,去掉轮廓色。

绘制一个长方形 B，在属性栏修改尺寸为 80cm×2cm，暂时填充黑色，去掉轮廓色。使长方形 B 对齐长方形 A 的上边，居中对齐。

　　3. 绘制一个长方形 C，在属性栏修改尺寸为 80cm×225cm，按 [F11] 键调出"编辑填充"对话框，选双色图样填充，按图 3-60 调整。如图 3-61 所示临摹的是竖条窗帘。

图 3-59　"选项"对话框

　　4. 在窗帘的右边绘制一个长方形 D，在属性栏修改尺寸为 90cm×245cm，去掉轮廓色，按 [F11] 键调出"编辑填充"对话框，选渐变填充，按图 3-62 调整。如图 3-63 所示临摹的是金属边框。

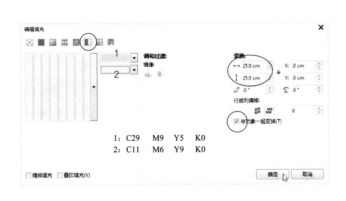

图 3-60　"编辑填充"对话框

图 3-61　竖条窗帘

5. 原地复制长方形 D 作为长方形 E，在属性栏修改尺寸为 78cm×245cm，其位于长方形 D 中心。按 [Ctrl+I] 键导入一张石材位图，将位图用"图框精确裁剪内部（I）"置入长方形 E 中，调整大小满铺于长方形 E（图 3-63）。

6. 原地复制长方形 D 为长方形 F，属性栏解锁等比，修改尺寸为 60cm×220cm，它现在位于长方形 D 中心。去掉填充色，轮廓宽度输入 12，暂时填充轮廓色为黑色。按 [Ctrl+Shift+Q] 键将轮廓转换为对象。

7. 右键点住长方形 D，移动到轮廓对象上，松开右键，选"复制所有属性（A）"，将金属渐变色填入轮廓对象中。

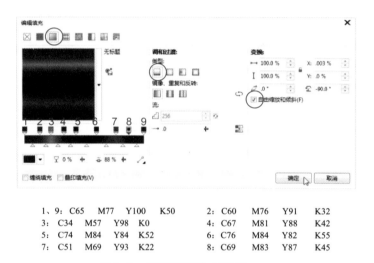

1、9： C65   M77   Y100   K50   2： C60   M76   Y91   K32
3： C34   M57   Y98   K0   4： C67   M81   Y88   K42
5： C74   M84   Y84   K52   6： C76   M84   Y82   K55
7： C51   M69   Y93   K22   8： C69   M83   Y87   K45

图 3-62　"渐变填充"对话框　　　　　　　　　　　　图 3-63　金属边框石材墙面

8. 灯具可用现成的位图，效果很真实，但要找精度比较高的位图；若没有合适的，也可以模拟绘制一个；若原图的壁灯精度比较高，又很完整，也可以用形状工具沿灯具边缘直接抠图。本案例中采用第三个办法用形状工具抠出一个壁灯。然后调整壁灯大小为 24cm×45cm（图 3-64）。

9. 按住 [Shift] 键点壁灯、长方形 D，按键盘的 B（下对齐）、C（水平居中对齐）键；按 [Alt+F7] 键调出"变换"泊坞窗，调整参数（图 3-65）使壁灯处于合适位置。

10. 绘制一个长方形 G，在属性栏修改尺寸为 68cm×33cm，按 [Ctrl+Q] 键转曲后，用形状工具调整为梯形。用透明度工具拉出透明度。点击属性栏 垂直镜像，放置到壁灯下面合适的位置 (图 3-66)。

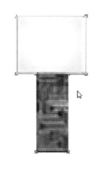

图 3-64　抠出原图的壁灯

图 3-65　"变换"泊坞窗

图 3-66　壁灯和光

图 3-67　"变换"泊坞窗

11. 绘制 4 个长方形，尺寸分别为 75cm×245cm、58cm×245cm、58cm×245cm、75cm×245cm，调整"变换"泊坞窗，使长方形的间距为 1.5cm（图 3-67）。导入一张灰色纹理位图，点击"工具（O）→创建（T）→图样填充（P）→框选纹理位图→转换为位图→保存图样"，文件名为"huise"，将纹理位图存到位图库里。再调出"编辑填充"对话框，选位图图样填充，填充这 4 个长方形（图 3-68），去掉轮廓色。这是软包造型。

图 3-68　"位图填充"对话框

12. 复制金属渐变的长方形 D，放在 4 个长方形的下一层，让软包造型的空白间隔也露出金属边条（图 3-69）。

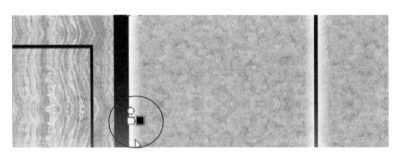

图 3-69　软包的鼓起效果

13. 绘制长方形 H，尺寸为 5cm×245cm，填充 10% 黑，紧挨着 4 个长方形的一条边放置，用透明度工具拉出透明度，模拟软包的鼓起效果。将这个透明度图形复制 8 条，其中 4 条用 水平镜像，依次紧挨着 4 个长方形的边缘放置，软包的立体感呈现出来了（图 3-69）。

14. 将已经画好的窗帘、金属石材壁灯部分复制，依次放在右边，形成对称的墙面。注意造型间不要出现空缺。检查整个图形的尺寸是否为 610.5cm×245cm，若出现其他数字，则图形间有空缺需要检查修改。

15. 绘制长方形 I，在属性栏修改尺寸为 610.5cm×10cm，填充 70% 黑，去掉轮廓色，放置在最下方，为地板。

16. 绘制长方形 J，在属性栏修改尺寸为 610.5cm×20cm，放置在图形的正上方，去掉轮廓线，调出编辑填充对话框，选渐变填充，按图 3-70 调整参数，绘制出吊顶的侧边（图 3-71）。

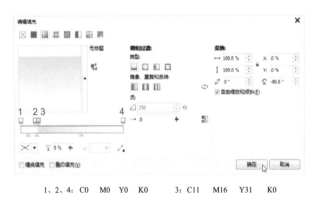

1、2、4：C0　M0　Y0　K0　　　3：C11　M16　Y31　K0

图 3-70　"吊顶侧面渐变"对话框

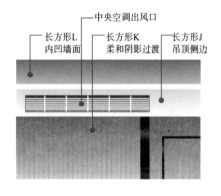

图 3-71　顶部细节图

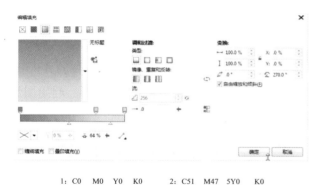

1: C0 M0 Y0 K0   2: C51 M47 5Y0 K0

图 3-72 "顶部内凹墙的渐变"对话框   图 3-73 射灯的第一排光影

17. 在吊顶侧边的下面绘制长方形 K，属性栏修改尺寸为 610.5cm×40cm，填充 C40M20Y20K90，去掉边框色，用透明度工具拉出透明度，使吊顶的侧边和立面的窗帘、砖墙等区分开来，有一个从顶到下部的柔和的阴影过渡区（图 3-71）。

18. 绘制中央空调的出风口，整体尺寸为 80cm×10cm，栅格填充白色，无轮廓色；空洞的渐变填充如图 3-72 所示，在轮廓笔对话框里输入轮廓宽度 2.5mm，选 "☑ **填充之后(B)**"、"☑ **随对象缩放(J)**"（图 3-71）。全选出风口的图形后按 [Ctrl+G] 键群组，复制一组放到右侧吊顶侧面，两边对称的位置。

19. 绘制长方形 L，在属性栏修改尺寸为 610.5cm×15cm，放置在渐变侧边的正上方，去掉轮廓线，调出编辑填充对话框，选渐变填充，按图 3-72 调整参数，这是吊顶上方内凹的墙面。检查图形的整体高度是否为 290cm。

20. 绘制射灯在墙面的第一排投影。用矩形工具、形状工具绘制一个圆弧扇形，尺寸为 115cm×50cm，因为光影不是实体，所以尽量画得左右对称，而不一定严格拘泥于"先画一半→水平镜像→合并"的步骤。用透明度工具拉出透明度。选中后，原地复制一个，按住 [Shift] 键拖动右边中间外面的小黑方块，将其左右宽度等比缩短；按住下边外面的小黑方块向下拉长，这样的灯光更有层次。复制一组放到对称的位置，如图 3-73 所示。

图 3-74 阴影属性栏

注意：这两组灯光的投影是柔和阴影过渡图形的上一层。

21. 绘制射灯在墙面的第二排投影，此投影的边缘更加柔和，要用阴影工具来绘制。

用矩形工具、形状工具绘制一个圆弧扇形，尺寸为 75cm×120cm，去掉轮廓色，暂时填充蓝色便于观察，尽量左右对称（图 3-76）。选中图形后，点击阴影工具，在属性栏调整参数（图 3-74），羽化方向选"向外"，羽化边缘选"线性"，色彩为白色。完成后按 [Ctrl+K] 键将图形和白色阴影分离，删掉蓝色图形，只保留白色阴影。

22. 选中白色阴影，点击"位图（B）菜单→转换为位图（P）"，调整参数（图 3-75）。再用透明度工具拉出透明度，边缘模糊的投影就形成了（图 3-76）。复制一个放到对称的另一侧。

23. 按第 21、22 的步骤绘制如图 3-76 所示的红色圆圈内的边缘模糊的光影。起始图形为长方形。

图 3-75 "转换为位图"对话框

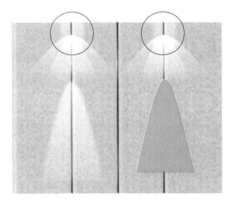

图 3-76 第二排边缘模糊的光影

24. 观察原图的电视机、电视柜、沙发、台灯，精度较高，角度也是正投影的角度，图形比较完整，所以，可以用步骤 10 的办法，复制 3 张位图，直接用形状工具，编辑节点，分别将以上物品抠图，再摆放到合适的位置。当然最好的办法还是能采用精度很高的、样式相近的图片。注意：沙发的一个腿部被前面的橘色沙发遮住，勾勒出来后有所缺损，需要利用所学的矩形工具、形状工具、填充工具将它的造型和色彩补全。若后期学习了 Photoshop，可以直接编辑位图补全下腿，那样的画面效果更真实。

25. 用矩形工具绘制小桌子，在属性栏修改尺寸为 550cm×4cm，去掉轮廓色，填充黑灰色渐变。用矩形工具绘制桌腿，高度为 45cm，模拟金属填充金黄色、褐色等。台灯放置在小桌子的正上方（图 3-77）。复制小桌子和台灯到对称的一侧。

图 3-77 小桌子和台灯

存储文件，本案例完成，如图 3-78 所示。

由于本案例以"厘米"为单位制作原大文件，加上案例中透明度使用较多，所以文件较大，程序运行可能较慢。经过多次实践证明，以"毫米"为单位，缩小为 1/10 来制作文件较为快捷。例如，立面尺寸为 615cm×290cm，制作时采用 615mm×290mm 来计算比例，文件更小，运行更快捷。

图 3-78　立面效果图

图 3-79　"导出"对话框

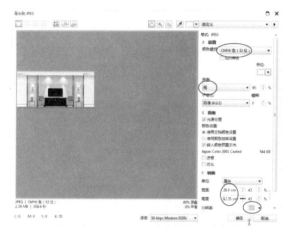

图 3-80　"导出到 jpg"对话框

制作好的文件需要要打印，以此图为例，实际尺寸是 615cm×290cm，要放入一张 A4 页面横幅（29.7cm×21cm）内编辑、打印，而文件过大。可将完成后的图全选，点击属性栏 "导出 Ctrl+E" 为位图，选 jpg 格式（图 3-79、图 3-80），调整参数，得到一个 26cm×12.35cm（小于 A4 幅面）的 jpg 格式位图。这个位图再参与新文件里的排版编辑，完全能满足 A4 幅面的高精度打印需求。以此类推，编辑 A3、A2 文本，只需导出尺寸更大的 300dpi 的位图即可。

3.2.2　居住空间彩色平面图、立面图设计

室内设计时，通常采用 CAD 软件，CAD 能方便快捷把握尺寸，但无法提供真实的色彩及材质、灯光的效果搭配，也因为过于专业，普通客户读不懂图。而 3D 效果图，要建模、渲染，

经济投入高，不能展示每个墙面，时间较慢。CorelDRAW 制作的彩色立面图，对颜色、材质、样式给予了准确的定位，制作简便，也便于和客户沟通，现在也经常作为前期设计的成果，同时对后期施工有重要的参考价值。

　　CAD 的 dwg 文件也是矢量图，它可以直接导入 CorelDRAW X7 后进行编辑。本案例以一个卧室的 CAD 设计为例讲述，从 dwg 文件到彩色立面图的绘制过程。

　　如图 3-81 所示，在 CAD 中已经完成了平面图、立面图的绘制。

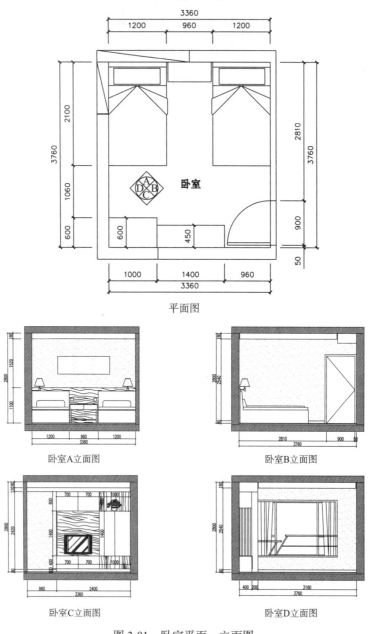

图 3-81　卧室平面、立面图

1. 在 CAD 中对文件进行处理，将所有不要的对象都删掉，在命令栏输入 "purge" 命令，如图 3-82 将能清理的项目 "全部清理"，多次重复一直到 "全部清理" 按钮变为灰色。这么做的目的是仅保留需要制作彩色立面图的对象，提高软件的处理能力。否则导入过多对象会增加运算的时间和难度。

2. 全选所有对象，将线条颜色全部调整为白色，因为在 CAD 绘图中采用各色线条，直接导入后一一处理很繁琐。现在都调整为白色，导入 CorelDRAW X7 后全部为黑色。

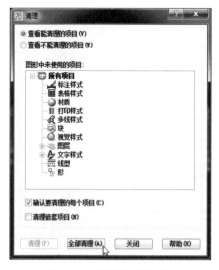
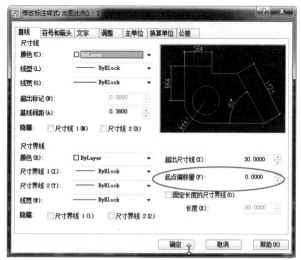

图 3-82　"清理"对话框　　　　　图 3-83　"修改标注样式"对话框

3. 删除所有的填充图样，因为在 CorelDRAW X7 中将重新填充色彩和材质，不需保留填充图样。因为填充图样导入 CorelDRAW X7 后，会拆分为很多小线段，难于清理，所以在 CAD 中删掉。

4. 在 CAD 中点击 "格式（O）→标注样式（D）"，选择修改当前的标注样式，在对话框 "直线" 页面，调整参数（图 3-83），把起点偏移量调为 "0"。若不调，在 CorelDRAW X7 里，尺寸标注的起点会干扰尺寸测量，出现多位小数。将尺寸外移，尺寸界限的起点不要接触到图样的正式轮廓线。

5. 新建一个 CorelDRAW X7 文件，命名为 "彩色平面图和立面图"。按 [Ctrl+I] 键导入 dwg 文件，调整对话框参数（图 3-84），"缩放" 通常选 1：10、1：100、1：1000 等整数倍，用 1：1 的情况很少，因为 CorelDRAW X7 通常无法处理 CAD 大尺寸的文件。而 CorelDRAW X7 只要制作出了彩色平面图和立面图，是可以导出任何精度、尺寸的打印文件。所以，重要的是选择运行快，计算便捷的比例。

6. 屏幕上出现如图 3-85 所示对话框，不仅在导入 dwg 文件会出现，导入 CorelDRAW 文件也会出现，因为两个软件的字体不匹配。在 "替代字体用（F）" 中选择替换的字体，保存方式永久或临时视情况而定。点击屏幕，按 [Enter]、空格键都可以将 dwg 文件导入 CorelDRAW 的工作窗口（图 3-86）。

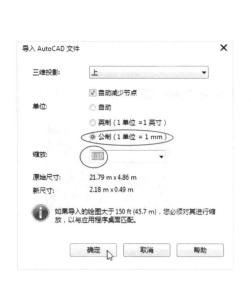

图 3-84 "导入 Auto CAD 文件"对话框

图 3-85 "替代缺失字体"对话框

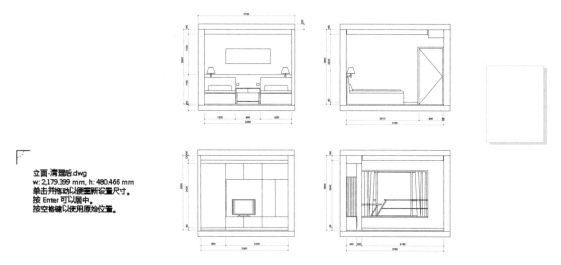

图 3-86 导图图标

图 3-87 导入后的平面图和立面图

7. 导入图形后要检查尺寸与预想的目标是否一样。若相同，则选中每组立面图及尺寸，按 [Ctrl+G] 键群组，避免这组原始尺寸被修改（图 3-87）。

8. 平面图较简单，先用智能填充工具将所有的封闭图框填充，再按 [Ctrl+I] 键导入地板位图、花布纹理的位图、木材位图，分别用"图框精确裁剪内部（Ⅰ）"填充到相应的位置。注意调整纹理的大小，符合真实的视觉效果。

9. 家具的俯视图以均匀填充或木纹位图填充。平面图中重要的是为家具添加阴影，让家具有立体感，增加俯视的层次感。

10. 如果能找到实际俯视的床的位图，也可以放置到相应的位置，效果更加真实，如图 3-88 所示。

11. 各个图形的轮廓可视情况保留或删除。保留是为了区分形体，取消是为了更接近真实。例如，本图中被子翻开的部分取消了轮廓线，添加了阴影。

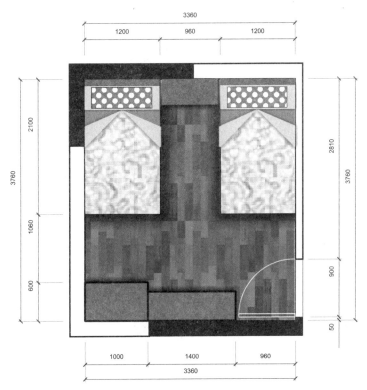

图 3-88   彩色平面图

下面将以卧室 A 立面为例讲述 dwg 文件导入后绘制彩色立面图。

12. 框选卧室 A 立面的正式图样（不含尺寸标注），检查其尺寸是否为 372mm×324mm，这是缩小 10 倍的数字，完整无小数点后面的尾数，是正确的。尺寸数字是段落文字的格式，通常不改动它们。全选卧室 A 立面的图样和标注尺寸，按 [Ctrl+G] 键群组。

13. 用智能填充工具，将每个封闭线框填充为封闭对象。按之前介绍的方法，逐一填充色彩、位图，添加灯光、阴影，让画面变成彩色立面图。墙纸、床靠背、木材采用位图导入，其他为渐变、均匀填充，如图 3-88 所示。

14. 文件若要打印，不在原大文件上缩放，导出位图或者按 [Ctrl+Shift+S] 键另存一个文件进行修改。完成后的其他立面图如图 3-89 所示。

卧室A立面图

卧室B立面图

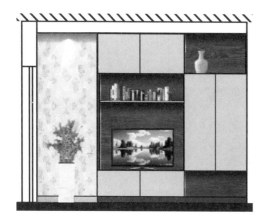

卧室C立面图

卧室D立面图

图 3-89　卧室立面图

课后思考与练习

收集资料，临摹 4 个不同风格的室内立面。

3.3　室外立面图设计

室外立面图运用的工具较简单，在导入 CAD 尺寸图后，保持等比尺寸，填充色彩、材质，添加配景、人物，能快速做出室外景观立面的彩色表达。

1. 该墙面位于某学校的入口，设计一副主题壁画。壁画的四周采用铝塑板，灰色、草绿、浅蓝以及防腐木条装饰与学校的整体环境搭配。墙边右侧有警卫室和空置房间，外立面也用灰色墙砖加以装饰，如图 3-90、图 3-91 所示。

图 3-90　实地考察设计现场情况，获取原始尺寸

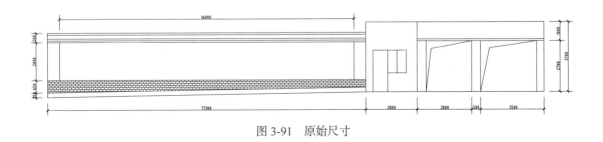

图 3-91　原始尺寸

设计的重点在于壁画。根据主题设计为"百雅墙"，出现各式的"雅"字，兼有简单的图案作为浮雕装饰。

2. 用 CAD 软件完成该墙面的设计后导入一个等比缩小的尺寸到 CorelDRAW X7 的工作窗口，如图 3-92 所示。

3. 另建一个文件，命名为"浮雕原大"，该文件仅对中间的壁画进行详细设计。因为文件可能会采用大量的图形、文字，文件较大运算较慢，也为了图纸定稿后可以直接交付施工单位。本案例采用了 CorelDRAW 来设计壁画图案，如图 3-93 所示。

在限定的浮雕壁画长高尺寸中，根据美学法则，选择设计元素，排列组合，寻求最合

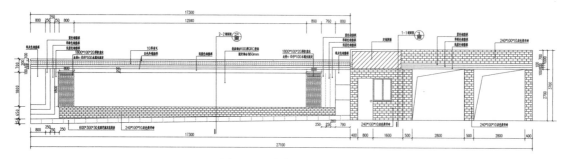

图 3-92　设计后的立面图

适的样式来表达设计主题。作为浮雕，图中的图形通常是矢量图，有明确的轮廓；也可以使用单色位图，但是位图需要有透明背景才能透出画面的背景整体色彩。浮雕的材质有多种，比如石材雕刻、GR 水泥浮雕，根据材料的需要进行颜色填充或位图填充，如图 3-93 所示。

方案三

方案二

方案一

图 3-93　浮雕图案设计

　　完成设计后，按 [Ctrl+E] 键导出为"壁画"位图，精度为 300，模式为 CMYK，根据打印纸面的大小确定位图的长和高。

　　4. 用智能填充工具逐一填充封闭的区域，填充特定材质的颜色。搭配天空、植物和人物的位图，让场景更加真实（图 3-94）。

图 3-94

本案例其他现场图片、设计方案、室外彩色立面图如图 3-95 ～图 3-97 所示。

图 3-95　现场图片

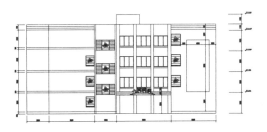

图 3-96　设计方案图

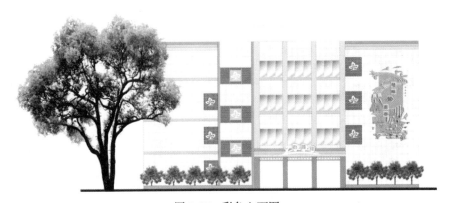

图 3-97　彩色立面图

课后思考与练习

收集资料，临摹 4 个不同类型的室外立面图。

附录　学生作业欣赏

标志临摹　作者：郭玉杰

版面设计　作者：田学丽

平面构成设计　作者：赵芯

色彩构成设计　作者：陈云

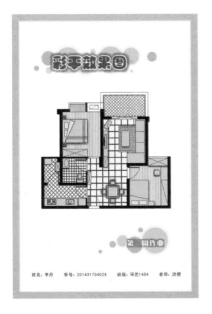

彩色平面图　作者：李丹

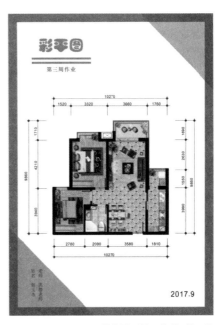

彩色平面图　作者：郭玉洁

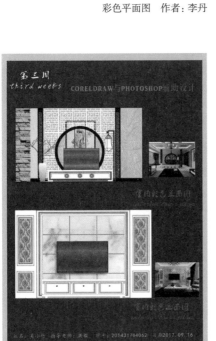

彩色立面图　作者：吴小竹

彩色立面图　作者：赵臣

参考文献

[1] 崔建成，周新编著 . CorelDRAW X6 艺术设计案例教程（第二版）[M]. 北京：清华大学出版社，2013.

[2] 腾龙视觉编著 . CorelDRAW 12 经典视觉特效表现完美风暴 [M]. 北京：人民邮电出版社，2008.

[3] 新知互动编著 . CorelDRAW 12 中文版从入门到精通（精彩版）[M]. 北京：人民邮电出版社，2007.